厨房（Chapter 07）
较为常见的现代厨房
设计，线条硬朗的浅
色整体厨柜与冷色
地板是绝佳搭配，各
种质地的厨具成为画
面的亮点。

景观窗台（Chapter 06）
客厅一角的布置别具匠
心，观景窗中开阔的风
景令人心旷神怡。

经典饰品（Chapter 03）
不同材质的饰品在光照下的质地表现
千差万别，各具魅力，为室内陈设提供
了多种选择。

现代餐厅(Chapter 08)
刚柔对比、冷暖对比是室内表现常用的手段,控制好它们之间的比例关系,使整体氛围和谐统一是设计时的要点。

卫生间(Chapter 02)
宽大的玻璃窗令室内光线充足,颇具现代感的洁具与色调明快的瓷砖墙表现出细腻的光影效果。

现代书房（Chapter 04）
柔和的阳光透过洁净的落地窗，照射在线条简洁明快的室内陈设之上，散落而不杂乱的饰品传递出主人的品味。

欧式卧室（Chapter 10）
宽敞的卧室中，晶莹剔透的吊灯、颇具古典气息的木制沙发和床等家具摆放有致，逼真的光影效果为画面增色不少。

欧式梳妆间
（Chapter 09）
一组精致的家具沐浴在阳光中，墙壁上造型别致的欧式梳妆镜中映照出窗帘的一角，很好地拓展了视觉空间。

欧式玄关（Chapter 08）
风格独特的拱形垂帘门搭配富于质感的壁柜，令整体氛围高贵典雅而不失温馨。

欧式走廊（Chapter 11）
同色系的石材通过优美的弧线构成走廊主体，极富形式美的光与影渲染出庄重静谧的氛围。

质速双全

3ds Max+VRay
室内效果图表现技法

魔方空间 编著

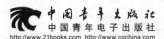

中国青年出版社

中国青年电子出版社

http://www.21books.com http://www.cgchina.com

图书在版编目（CIP）数据

质速双全: 3ds Max+VRay室内效果图表现技法 / 魔方空间编著. — 北京：中国青年出版社，2008

ISBN 978-7-5006-7832-8

I.质 ...　II.魔 ...　III.室内设计：计算机辅助设计—图形软件，3DS MAX、VRay　IV. TU238－39

中国版本图书馆CIP数据核字（2007）第190144号

质速双全: 3ds Max+VRay室内效果图表现技法

魔方空间　编著

出版发行：　中国青年出版社

地　　址：　北京市东四十二条21号

邮政编码：　100708

电　　话：　(010) 84015588

传　　真：　(010) 64053266

责任编辑：　肖　辉　　林　杉

封面设计：　钟　夏

印　　刷：　北京大容彩色印刷有限公司

开　　本：　787×1092　1/16

印　　张：　19.25

版　　次：　2008年3月北京第1版

印　　次：　2008年3月第1次印刷

书　　号：　ISBN 978-7-5006-7832-8

定　　价：　59.90元（附赠1DVD）

本书如有印装质量等问题，请与本社联系　电话：(010) 84015588

读者来信: reader@21books.com

如有其他问题请访问我们的网站: www.21books.com

随着 CG 产业的不断发展，一方面，设计和制作软件的功能日益完备，应用日益广泛，另一方面，人们对渲染效果的追求也越来越高。在这种情况下，各种渲染器不断改进，推出新版本，各种新的技术和功能不断涌现，引发了一场空前的渲染器较量。由 Chaos Group 公司开发的 3ds Max 渲染插件 VRay 从出现到现在已有 5 年多的时间，因其易于上手、参数相对简单、全局效果优异等特性，受到了广大 CG 爱好者的热捧，目前是最为热门的渲染器之一。目前，3ds Max+VRay 的软件组合已经成为效果图制作的常用搭配。从另一个角度来说，正是 3ds Max 在建模、灯光、材质、渲染等各方面的长足进步，以及 VRay、Lightscape 和 finalRender 等高级渲染器的推出与不断完善，促进了效果图行业的蓬勃发展。

为何要购买本书？

许多读者朋友在渲染效果图时都有这样的困惑：渲染高质量的效果图时，速度经常慢得令人"难以接受"，而提高渲染出图速度往往要以牺牲效果图的质量为代价。如何才能在效果图的质量和速度之间找到一个最佳结合点，最有效率地制作效果图呢？

本书是专门介绍 3ds Max 软件与 VRay 渲染器插件相配合，在室内表现工作中进行应用的图书。全书在介绍 3ds Max 的建模、灯光、材质等基础功能与操作的基础上，对 VRay 渲染器的功能和参数进行了详细的剖析和讲解，并列举了大量具有代表性的经典渲染制作实例。本书重点讲授了如何在有限的时间内使用 VRay 渲染器进行渲染，以及如何兼顾效果图渲染的速度和质量，从而达到提高工作效率的目的。书中许多制作技法和难点剖析，是作者经过长期工作实践总结出的"秘技"。读者朋友通过阅读本书，结合必要的练习，完全能够掌握 VRay 渲染器的渲染技术，并制作出质量与品质兼顾的优秀室内表现作品。

本书包括哪些内容？

全书分为四篇共 11 章。第一篇为"基础操作篇"，包含 4 章。第 1 章介绍了 3ds Max 9 与 VRay 软件的界面和基本操作。第 2 章分别介绍了 3ds Max 和 VRay 中各自特有的摄影机。第 3 章主要介绍了 3ds Max 和 VRay 特有的材质与贴图系统。第 4 章介绍了 3ds Max 和 VRay 各自的灯光系统。

第二篇为"渲染原理篇"，包含两章。第 5 章对 3ds Max 自带渲染器和 VRay 渲染器进行了对比简介。VRay 渲染器的大量控制参数都集中在渲染参数面板中，第 6 章就对它的多个参数卷展栏及参数设置方法进行了详细讲解。

第三篇为"提质与提速篇"，包含两章，第 7 章讲解了如何从模型、材质、灯光等方面提高效果图的渲染质量，第 8 章讲解了如何从模型、材质、灯光等方面提高效果图的渲染速度。

第四篇为"速度质量均衡篇"，包含 3 章。通过"梳妆间"、"卧室"和"欧式走廊" 3 个综合实例，讲解在商业效果图的制作中如何把握速度和质量的均衡点。

书中实例均有较强代表性，包含了极具风格的设计元素，力求帮助读者在面对客户的各种需求时，能够游刃有余。本书附赠 DVD 光盘中提供了全书所有实例的初始文件、贴图素材和最终效果文件，供读者参考。此外，附赠 DVD 光盘中还包含作者录制的"梳妆间"、"卧室"和"欧式走廊" 3 个综合实例的制作过程教学视频，直观、详细、生动的讲解，将大大提高读者的学习效率。

本书适合哪些人阅读？

本书内容丰富、翔实，概念准确，范例典型，步骤详细。讲解通俗、易于理解，适合作为设计师快速掌握 VRay 渲染器基本操作技能的自学用书，同时也适合室内设计专业的学生和广大设计爱好者阅读。

限于水平和时间，书中难免存在错漏之处，敬请广大读者批评指正。

作　者

2008 年 2 月

CONTENTS

目录

第一篇　基础操作篇

本篇介绍 3ds Max 软件和 VRay 渲染器的界面和基础操作。第 1 章分析 3ds Max 中多种建模方法的特点和建立室内模型的关键点。第 2~4 章分别对摄影机、材质和灯光进行系统介绍。

第二篇　渲染原理篇

本篇介绍 3ds Max 和 VRay 的渲染系统。3ds Max 9 的自带渲染器不太适合渲染室内效果图，而 VRay 更能确保高效、高质地渲染，因此在第 6 章对 VRay 渲染的参数进行详细介绍。

第三篇　提质与提速篇

本篇通过多个典型实例，从"提质"和"提速"两个方面剖析效果图制作的技巧和方法。读者在理解和掌握这些技法的前提下练习，就能制作出高品质的作品并达到快速出图的目的。

第四篇 速度质量均衡篇

本篇探讨在渲染的质量和速度之间寻找最佳平衡点的方法。VRay 渲染的速度和质量是辩证统一的关系。通过学习本篇中的实例，读者应能制作出质量与品质兼顾的优秀作品。

本书附赠1张DVD，内含以下精彩内容

1. 书中3个综合实例的全程视频教学

设置材质　　　　　　　　　　　设置灯光　　　　　　　　　　　设置渲染参数

2. 室内效果图制作中常用的贴图素材

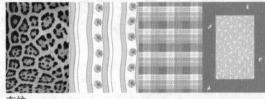  

布纹　　　　　　　　　　　　　　　　　　木纹

墙纸　　　　　　　　　　　　　　　　　　沙发

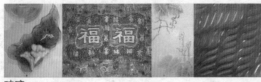 

玻璃　　　　　　　　　　　　　　　　　　装饰画

3. 各个实例的场景文件、素材及最终效果

 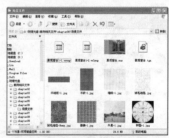

实例文件的存放位置　　　　　　实例文件按章存放　　　　　　同一实例的相关文件存放在一起

PART 1

第一篇　基础操作篇

3ds Max 9 是一个拥有建模、灯光、材质、动画和渲染等功能的综合软件。在效果图制作中更多地是运用它的建模、灯光、材质和渲染功能。3ds Max 9 的默认渲染器是扫描线渲染器和 mental ray 渲染器，这两种渲染器各有优点，但是目前都不太适合效果图的制作。由 Chaos Group 公司开发的 3ds Max 渲染插件 VRay 渲染器正好弥补了它们的不足，它可以内置于 3ds Max 9 中，而且能够和 3ds Max 9 的灯光、材质很好地兼容。本篇第 1 章对这两种软件的界面等进行了简单的介绍。第 2 章～第 4 章分别对 3ds Max 和 VRay 特有的摄影机、材质和灯光系统进行了详细的介绍。

1. 软件介绍与建模技术

2. 摄影机部分

3. 材质与贴图部分

4. 灯光部分

Chapter 1

软件介绍与建模技术

　　本章首先介绍了 3ds Max 9 与 VRay 软件的界面和基本操作，然后叙述了在 3ds Max 9 中建立室内模型的指导思想，最后介绍建立室内模型常用的几种建模方法。这是本书学习的基础，有利于后面内容的学习，请读者充分理解并熟练掌握。

1.1　3ds Max 9 与 VRay 简介

　　3ds Max 是一款应用广泛的三维设计软件，以其强大的建模、灯光、材质、渲染等功能，在效果图制作领域拥有大量用户，不过 3ds Max 9 的默认渲染器并不太适于效果图的制作。VRay 渲染插件正好弥补了它们的不足，这款渲染器拥有出色的渲染速度和质量，而且操作简便，与 3ds Max 结合起来制作的效果图，其真实度已接近照片级别。

1.1.1　3ds Max 9 操作界面

　　制作效果图的第一步就是在 3ds Max 中建立模型，因此需要熟练掌握 3ds Max 9 的操作界面和工具。本节将对 3ds Max 9 的操作界面进行详细介绍。

1. 3ds Max 9 界面介绍

　　运行 3ds Max 9，其界面如图 1-1 所示，由菜单栏、工具栏、时间控件、命令面板、视图和视图导航按钮等共同构成。

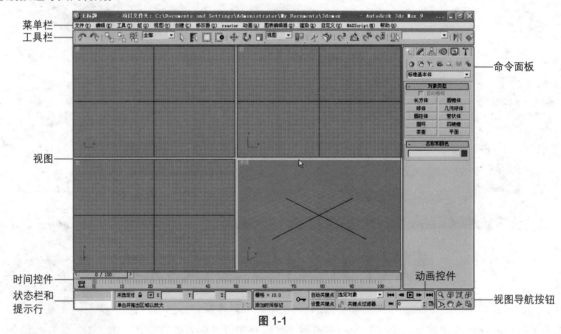

图 1-1

（1）菜单栏

　　菜单栏位于主窗口的标题栏下方，每个菜单的标题表明该菜单中各项命令的用途。

（2）工具栏

　　通过主工具栏可以快速访问 3ds Max 中很多常见任务的工具和对话框。默认情况下只显示主工具栏，几个附加工具栏（层工具栏、渲染快捷方式工具栏、捕捉工具栏、动画层工具栏、reactor 工具栏、轴约束工具栏、附加工具栏和笔刷预设工具栏）在默认情况下是隐藏的。

　　要启用上述任意工具栏，用鼠标右键单击主工具栏的空白区域，然后从弹出的快捷菜单中选择工具栏的名称，如图 1-2 所示。当在所选择工具栏前方出现"√"符号时，将在操作界面中显示所选择的工具栏。可以使用这种方法启用或关闭任何工具栏。工具栏包括主工具栏和浮动工具栏。

(3) 主工具栏

下面将对主工具栏中按钮的作用分别进行讲解。

● ↶撤销——单击此按钮，可以取消上一次操作的效果。

● ↷重做——单击此按钮，可以取消上次撤销的操作效果。

● ℅选择并链接——使用此工具可以将两个对象链接作为子和父，定义它们之间的层次关系。单击此按钮，从对象（子级）到其他任何对象（父级）拖出一条虚线，这样就建立了链接。

● ℅取消链接选择——使用此工具可以移除两个对象之间的层次关系。选择需要取消链接的子对象，单击此按钮即可取消它们的层次关系。

● 全部 ▼选择过滤器——可以限制选择工具选择对象的特定类型和组合。单击▼按钮将展开它的下拉列表框，如图 1-3 所示。如果在选择过滤器列表框中选择"灯光"选项，则使用选择工具时只能在视图中选择灯光对象，其他对象不会响应。

● ⬉选择对象——单击此按钮，可以在场景中选择一个或多个操控对象。

● ▦按名称选择——单击此按钮，弹出如图 1-4 所示的"选择对象"对话框，在该对话框中可从当前场景中所有对象的列表框中选择对象。

图 1-2

图 1-3

图 1-4

● ▭◯▱⬚⬚选择区域——它提供了可用于按区域选择对象的 5 种方法，如图 1-5 所示。在"选择区域"按钮上按住鼠标左键，会显示包含"矩形"、"圆形"、"围栏"、"套索"和"绘制"选择区域按钮，在视图中拖动或单击鼠标，将以这几种方式选择对象。

● ▣ / ▣窗口 / 交叉——单击▣按钮处于窗口模式中，只能对完全包围在选择区内的对象进行选择。单击▣按钮处于交叉模式中，可以选择选择区内所有对象及与选择区边界相交的任何对象。

● ✛选择并移动——单击此按钮，可以在视图中选择并移动对象。

● ↻选择并旋转——单击此按钮，可以在视图中选择并旋转对象。

● ▣▣▣选择并缩放——▣按钮可沿 3 个轴以相同量缩放对象，同时保持对象的原始比例。▣按钮可以根据活动轴约束以非均匀方式缩放对象。▣按钮可以根据活动轴的约束来缩放对象。挤压对象势必牵涉到在一个轴上按比例缩小，同时在另外两个轴上均匀地按比例增大。

● 视图 ▼参考坐标系——可以指定变换（移动、旋转和缩放）所用的坐标系。它包括视图、屏幕、世界、父对象、局部、万向、栅格和拾取，如图 1-6 所示。

图 1-5

图 1-6

- 中心——提供了确定缩放和旋转操作几何中心的 3 种方法。轴点中心按钮，可以围绕其各自的轴点旋转或缩放一个或多个对象。选择中心按钮，可围绕其共同的几何中心旋转或缩放一个或多个对象。如果变换多个对象，会计算所有对象的平均几何中心，并将它用作变换中心。变换坐标中心按钮，可以围绕当前坐标系的中心旋转或缩放一个或多个对象。

- 选择并操纵——可以通过在视图中拖动操纵器，编辑某些对象、修改器和控制器的参数。

- 捕捉开关——在创建和变换对象或子对象期间，捕捉现有几何体的特定部分。2D 捕捉，光标仅捕捉到活动构建栅格，包括该栅格平面上的任何几何体。将忽略 Z 轴或垂直尺寸。2.5D 捕捉，光标仅捕捉活动栅格上对象投影的顶点或边缘。3D 捕捉，光标直接捕捉到 3D 空间中的任何几何体。3D 捕捉用于创建和移动所有尺寸的几何体，而不考虑构造平面。

- 角度捕捉切换——确定多数功能的增量旋转，包括标准旋转变换。随着旋转对象或对象组，对象以设置的增量围绕指定轴旋转。

- 百分比捕捉切换——通过指定的百分比增加对象的缩放。

- 微调器捕捉切换——设置 3ds Max 9 中所有微调器，单个单击将会增加或减少值。

- 编辑命名选择集——单击此按钮，弹出"命名选择集"对话框，如图 1-7 所示。可用于管理子对象的命名选择集。

- 命名选择集列表——可以命名选择集，并重新调用选择以便使用。

- 镜像——在视图中选择对象并单击此按钮将弹出如图 1-8 所示的"镜像"对话框，使用该对话框可在镜像一个或多个对象的方向时，移动这些对象。还可用于围绕当前坐标系中心镜像当前的选择。

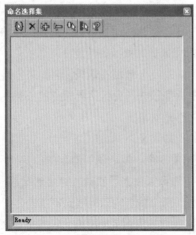

图 1-7

图 1-8

- 对齐按钮——提供了用于对齐对象的6种不同工具。对齐按钮，在视图中选择对象，单击此按钮，然后选择对齐的目标对象，弹出"对齐当前选择"对话框，使用该对话框可将当前选择与目标选择对齐。快速对齐按钮，选择对象并单击此按钮，然后选择对齐的目标对象，可将当前选择的位置与目标对象的位置快速对齐。法线对齐按钮，选择要对齐的对象并单击此按钮，接着单击对象的表面，然后再单击第2个对象的表面，弹出"法线对齐"对话框。它根据每个对象上的面或选择的法线方向将两个对象进行对齐。放置高光按钮，可将灯光或对象对齐到另一对象，以便可以精确定位其高光或反射。对齐摄影机按钮，可以将摄影机与所选面的法线对齐。对齐到视图按钮，可以将对象或子对象选择的局部轴与当前视图对齐。

- 层管理器——可以创建和删除层的无模式对话框，也可以查看和编辑场景中所有层的设置，以及与其相关联的对象。

- 曲线编辑器——是一种"轨迹视图"模式，以图表上的功能曲线来表示运动。该模式可以使运动的插值及软件在关键帧之间创建的对象变换直观化。使用曲线上关键点的切线控制柄，可以观看和控制场景中对象的运动和动画。

- 图解视图——是基于节点的场景图，通过它可以访问对象属性、材质、控制器、修改器、层次和不可见场景关系。在此处可查看、创建并编辑对象间的关系。可创建层次、指定控制器、材质、修改器或约束。

- 材质编辑器——它提供创建和编辑材质及贴图的功能。单击此按钮将打开如图1-9所示的材质编辑器。

- 渲染场景对话框——单击此按钮可以弹出"渲染场景"对话框，如图1-10所示。可以将用户所设置的灯光、所应用的材质及环境设置（如背景和大气）为场景的几何体着色。

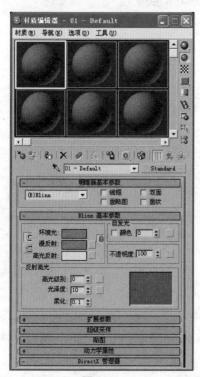

图 1-9

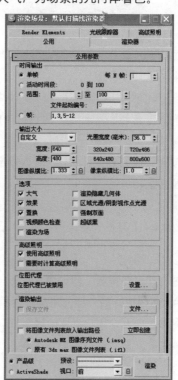

图 1-10

- 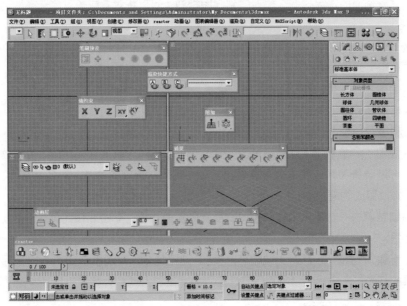快速渲染（产品级）——该按钮可以使用当前产品级渲染设置来渲染场景，而无需打开"渲染场景"对话框。
- 快速渲染——可以在浮动窗口中创建渲染，提供预览渲染，如果更改了场景中的照明或材质的效果，窗口交互地更新渲染效果。

（4）浮动工具栏

执行菜单栏中的"自定义 > 显示 UI>.显示浮动工具栏"命令，将开启如图 1-11 所示的所有浮动工具栏。

图 1-11

- 轴约束工具栏——使用轴约束工具栏中的工具可以将所有变换（移动、旋转和缩放）限制到某个轴或某个平面上。
- 层工具栏——它简化了 3ds Max 中与层系统的交互，从而更易于组织场景中的层。
- 附加工具栏——附加工具栏包含处理 3ds Max 场景的工具，它们分别是自动栅格和阵列弹出按钮。
- 渲染快捷方式工具栏——可以指定 3 个自定义预设按钮的设置，然后使用这些按钮在各种渲染预设之间进行切换。
- 捕捉工具栏——可以访问最常用的捕捉设置。
- reactor 工具栏——使用 reactor 工具栏可以快速访问 reactor 动力学功能的一些对象和命令。

2. 命令面板

通过创建命令面板、修改命令面板、层次命令面板、运动命令面板、显示命令面板和工具命令面板的集合，可以执行绝大部分建模命令和动画命令。

命令面板由 6 个用户界面面板组成，使用这些面板可以调用 3ds Max 9 的大多数建模功能，以及一些动画功能、显示选择和其他工具。每次只有一个面板可见，要显示不同的面板，必须单击命令面板顶部的选项卡。

（1）创建命令面板

创建面板提供用于创建对象的控件，这是在 3ds Max 中构建新场景的第一步。创建面板将所创建的对象种类分为 7 个类别，如图 1-12 所示。每一个类别有自己的按钮，每一个类别内可能包含几个不同的对象子类别。通过下拉列表框可以选择对象子类别，每一类对象都有自己的按钮，单击该按钮即可开始创建。

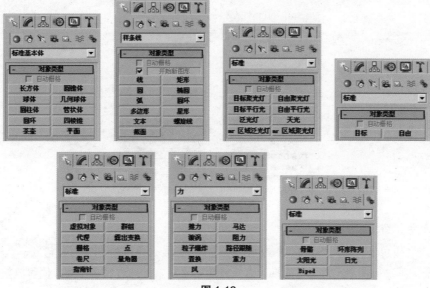

图 1-12

- ● 几何体——是场景的可渲染几何体。有像长方体、球体和锥体这样的几何基本体，也有像布尔、阁楼及粒子系统这样的高级几何体。
- ● 图形——是样条线或 NURBS 曲线。虽然它们能够在 2D 空间（如长方形）或 3D 空间（如螺旋）中存在，但是它们只有一个局部维度。
- ● 灯光——可以照亮场景，并且可以增加其逼真感。有很多种灯光，每一种灯光都将模拟现实世界中不同类型的灯光。
- ● 摄影机——对象提供场景的视图。摄影机在视图中所具有的优势在于摄影机控制类似于现实世界中的摄影机，并且可以对摄影机位置设置动画。
- ● 辅助对象——有助于构建场景，它们可以帮助用户定位、测量场景的可渲染几何体，以及设置动画。
- ● 空间扭曲——在围绕其他对象的空间中产生各种不同的扭曲效果，一些空间扭曲专用于粒子系统。
- ● 系统——将对象、控制器和层次组合在一起，提供与某种行为关联的几何体，也包含模拟场景中的阳光和日光系统。

（2）修改命令面板

通过创建面板可以在场景中放置一些基本对象，包括 3D 几何体、2D 形状、灯光、摄影机、空间扭曲及辅助对象。创建对象的同时系统为每个对象指定一组创建参数，该参数根据对象类型定义其几何特性和其他特性。放到场景中之后，对象将携带其创建参数，根据需要可以在修改面板中更改这些参数。

创建不同的对象，修改命令面板包含的内容也不同。如图 1-13 所示是目标球体和点光源对象修改命令面板的对比。

图 1-13

(3) 层次命令面板

通过层次面板可以访问用来调整对象间层次链接的工具。通过将一个对象与另一个对象相链接，可以创建父子关系。应用到父对象的变换同时将传递给子对象。通过将多个对象同时链接到父对象和子对象，可以创建复杂的层次。层次面板分为轴、IK 和链接信息 3 部分。

(4) 运动命令面板

运动面板提供用于调整选定对象运动的工具，这个面板在制作动画时运用得比较多。

(5) 显示命令面板

通过显示面板可以访问场景中控制对象显示方式的工具。可以隐藏和取消隐藏、冻结和解冻对象、改变其显示特性、加速视图显示及简化建模步骤。

(6) 工具命令面板

使用工具命令面板可以访问各种工具程序，用于管理和调用工具。

3. 视图

屏幕中包含 4 个同样大小的视图，透视视图位于右下部，其他 3 个视图分别为顶视图、前视图和左视图。默认情况下，透视图通常都以"平滑 + 高亮"的方式进行显示。

4 个视图都可见时，带有高亮显示边框的视图始终处于活动状态。在该视图中选择的命令和其他操作都将生效。一次只能有一个视图处于活动状态，其他视图设置为仅供观察；除非禁用，否则这些视图会同步跟踪活动视图中进行的操作。

可以调整 4 个视图的大小，这样它们可以采用不同的比例。要调整视图大小，按住并拖动分隔条中 4 个视图的中心。移动中心来更改比例。要恢复到原始布局，用鼠标右键单击分隔线的交叉点并从右键菜单中选择"重置布局"命令。

4．状态栏和提示行

这两行显示关于场景和活动命令的提示和信息。它们也包含控制选择和精度的系统切换及显示属性。

状态栏显示选择对象的类型和数量。状态栏位于屏幕的底部，提示行上面，如图1-14所示。

提示行位于状态栏下方的窗口底部，可以基于当前光标位置和当前的程序活动来提供动态反馈。具体操作请参阅此处的说明，如图1-15所示。

选择了 2 个 灯光	单击并拖动以选择并移动对象
图 1-14	图 1-15

5．动画控件

用于设置和播放动画。位于状态栏和视图导航控件之间的是动画控件，以及用于在视图中进行动画播放的控件。

6．视图导航控制区

主窗口右下角视图导航控制区包含在视图中进行缩放、平移和导航的控制按钮。

- 缩放——当在"透视"或"正交"视图中进行拖动时，使用缩放工具可调整视图进行放大或缩小。
- 缩放所有视图——可以同时调整所有"透视"和"正交"视图中的视图放大值。
- 最大化显示——将所有可见的对象在活动"透视"或"正交"视图中居中显示。当在单个视图中查看场景的每个对象时，这个控件非常有用。
- 最大化显示选定对象——将所选择的对象或对象集在活动"透视"或"正交"视图中居中显示。当要浏览的小对象在复杂场景中丢失时，该控件非常有用。
- 所有视图最大化显示——将所有可见对象在所有视图中居中显示。当用户希望在每个可用视图的场景中看到各个对象时，该控件非常有用。
- 所有视图最大化显示选定对象——将选定对象或对象集在所有视图中居中显示。当要浏览的小对象在复杂场景中丢失时，该控件非常有用。
- 视野——调整视图中可见的场景数量和透视张角量。
- 缩放区域——可放大在视图内拖动的矩形区域。仅当活动视图是正交、透视和用户视图时，该控件才可用，该控件不可用于摄影机视图。
- 平移视图——沿着平行于视图平面的方向移动摄影机。
- 弧形旋转——使用视图中心作为旋转中心。如果对象靠近视图的边缘，则可能会旋转出视图。
- 弧形旋转选定对象——使用当前选择的中心作为旋转的中心。当视图围绕其中心旋转时，所选择的对象将保持在视图中的同一位置上。
- 弧形旋转子对象——使用当前子对象选择的中心作为旋转的中心。当视图围绕其中心旋转时，当前选择将保持在视图中的同一位置上。
- 最大化视口切换——可以使激活视图在正常大小和全屏之间进行切换。

1.1.2　VRay 渲染面板简介

安装 VRay 渲染器后，3ds Max 9 的创建命令面板和材质/贴图浏览器将增加新的内容，本节将介绍这些新增内容及如何在 3ds Max 中启用 VRay 渲染器。

当 VRay 1.5 RC3 安装成功后，3ds Max 9 的操作界面会发生一些改变。单击工具栏中的 按钮，打开渲染场景对话框。在渲染场景对话框中展开"指定渲染器"卷展栏，此时为默认的扫描线渲染器，如图 1-16 所示。

图 1-16

在"指定渲染器"卷展栏中单击"产品级"后面的 按钮，在弹出的"选择渲染器"对话框中选择 V-Ray Adv 1.5 RC3 渲染器，接着单击 确定 按钮，如图 1-17 所示。此时的"指定渲染器"卷展栏如图 1-18 所示。

图 1-17

图 1-18

在渲染场景对话框中切换到 渲染器 选项卡，显示出 16 个卷展栏，这是 VRay 1.5 RC3 渲染器的渲染参数设置卷展栏，如图 1-19 所示。

图 1-19

　　然后观察 3ds Max 9 的创建命令面板，看增加了哪些对象。首先在创建几何体命令面板中单击 ▼ 按钮，可以看到在下拉列表框中增加了 VRay 选项。其中有 VR 代理、VR 毛发、VR 平面和 VR 球体 4 种创建对象，是 VRay 渲染器特有的对象，如图 1-20 所示。

　　接着在灯光创建命令面板中单击 ▼ 按钮，可见下拉列表框中增加了 VRay 选项。其中有 VR 灯光和 VR 阳光两种灯光对象，是 VRay 渲染器特有的灯光，如图 1-21 所示。

　　然后在摄相机创建命令面板中单击 ▼ 按钮，在下拉列表框中同样增加了 VRay 选项。其中有 VR 穹顶摄影机和 VR 物理摄影机两种摄影机对象，是 VRay 渲染器特有的摄影机，如图 1-22 所示。

图 1-20

图 1-21

图 1-22

　　最后在工具栏中单击 □ 按钮，弹出"材质编辑器"面板，在"材质编辑器"中单击 □ 按钮，弹出"材质/贴图浏览器"窗口，其中红框内的对象是 VRay 渲染器所有的材质和贴图，如图 1-23 所示。

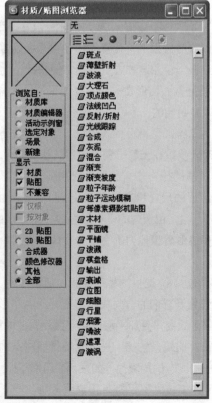

图 1-23

1.2　3ds Max 9 中建立室内模型的指导思想

优秀的模型在效果图的制作中有着举足轻重的作用，能提高渲染速度和渲染质量，本节总结性地列出了多条建立优秀室内模型的指导思想。

- 模型的尺寸要求严格，在实际制作模型的过程中要求以场景实际尺寸进行制作。它的光照系统是模拟物理灯光的属性进行计算的，因此在 3ds Max 中建模时都按照场景的实际尺寸建模。为了严格控制尺寸，首先在 3ds Max 中导入 CAD 文件，接着按它的尺寸建立模型。
- 在 3ds Max 中建模时要尽量避免面与面的重叠。当模型中面与面重叠时，在渲染结果将出现阴影漏或黑斑，破坏画面效果。
- 在 3ds Max 中建模时要尽量精简模型的面。三角形或四边形的面数越多，软件的计算量越大，所以要精简模型的面数。

在建模的过程中注意了上述几点后，所建立出来的模型不但面（网格）少，而且能够克服阴影漏的问题，减少细化程度，节约渲染时间。

1.3　建立室内模型常用建模方法

3ds Max 提供了多种建模方法，本节对这些常用建模方法的特点进行了对比和总结，使读者能够快速找到更适合的方法。

建立室内模型有多种方法，其中比较常用的有修改建模、放样建模、多边形建模、NURBS 建模和面片建模等。

在 3ds Max 中有大量的标准几何体可以直接用于建模，一般只需要改变几个简单的参数，或通过添加旋转、缩放等修改器，在修改命令面板中设置它们的参数就能建成简单美观的模型。这种建模方法就是修改建模，使用这种方法建模方便快捷、易学易用，这对于初学者来说无疑是最好的建模方法。

放样建模是截面图形在一段路径上形成的轨迹，截面图形和路径的相对方向取决于两者的法线方向。路径可以是封闭的，也可以是敞开的，但只能有一个起始点和一个终点，即路径不能是两段以上的曲线。所有的二维图形皆可用来放样，当某一截面图形生成时其法线方向也随之确定。放样建模的参数很多，大部分参数在无特殊要求时用默认值即可。

多边形建模的历史悠久，也是应用最广泛的建模方法。多边形模型还可以很容易地制作成动画。通过改变多边形的尺寸和方向，便可以制作出弯曲、扭转等简单的动画或更复杂的动画。模型细节的原则也很明了，给定位置内的多边形数越多所表现的细节也就越多，通过增加更多的细节，会使模型更加具体化。多边形建模能力的高低主要体现在两个方面：对模型结构的把握程度和对模型网格分布的控制。

面片建模是 Max 提供的另一种表面建模技术。面片不是通过面构造，而是利用边界定义的，这意味着边界的位置及它们的方向决定着面片的内部形式。面片的内部是由 Bezier 技术控制的，Bezier 技术使面片内部区域变得更加平滑。横穿面片的是被称为栅格的一系列相交点，栅格的位置定义曲面的曲率。不使用面片编辑修饰器，是不能编辑栅格点的，而栅格点会使用户看到构造面片的方式相当简单。面片建模有一些固有的局限性，如果用户习惯于以特定的方式建模，这些局限性就会出现问题。

NURBS 建模技术不仅擅长于光滑表面，也适合于尖锐的边。似乎每个人都可以使用 NURBS 技术创建他们的三维模型——从电影角色到小汽车模型。与面片建模一样，NURBS 建模允许用户创建可以被渲染但并不一定必须在视图中进行显示的复杂细节，这意味着 NURBS 表面的构造和编辑都是相当简单的。NURBS 表面是由一系列曲线和控制点确定的，编辑能力根据使用的表面或曲线的类型而有所不同。NURBS 方法最主要的好处是它具有多边形方法的建模及编辑的灵活性，但是不依赖于复杂的网格来细化表面。许多动画设计者使用 NURBS 来建立人物角色，这主要是因为 NURBS 方法可以提供光滑的更接近轮廓的表面，并使网格保持相对较低的细节。

以上介绍了有关 3ds Max 的几种建模方法，具体选择哪一种，主要在于自己的熟练程度和习惯。

读书笔记

读书笔记

Chapter 2

摄影机部分

　　当需要从特定的观察点表现场景时就需要借助于摄影机，3ds Max 9 和 VRay 都有自己的摄影机系统，本章就来学习它们的特性和使用方法。特别是 VRay 摄影机，它分为 VR 穹顶摄影机和 VR 物理摄影机两种，与 3ds Max 9 的摄影机系统有着本质的区别。

2.1　3ds Max 9 的摄影机

　　3ds Max 9 的摄影机系统由自由摄影机和目标摄影机组成，本节就对它们的特性和使用方法进行学习。

　　目标摄影机可以查看目标对象周围的区域。创建目标摄影机时，看到一个两部分的图标，该图标表示摄影机和其目标点，如图 2-1 所示。目标摄影机比自由摄影机更容易定向，因为用户只需将目标对象定位在所需位置的中心即可。

　　自由摄影机用于查看注视摄影机方向的区域。创建自由摄影机时，看到一个图标，该图标表示摄影机及其视野，如图 2-2 所示。摄影机图标与目标摄影机图标看起来相同，但是不存在要设置动画的单独的目标点图标。当摄影机的位置沿一个路径被设置动画时，更容易使用自由摄影机。

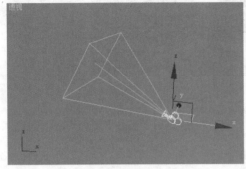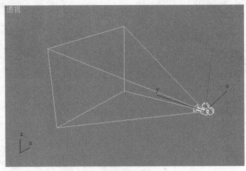

　　　　　　图 2-1　　　　　　　　　　　　　　　　图 2-2

　　自由摄影机和目标摄影机的大部分参数相同，这里以目标摄影机为例来学习它的参数。目标摄影机有两个卷展栏，即"参数"卷展栏和"景深参数"卷展栏，如图 2-3 所示。

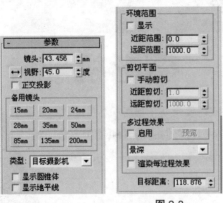

　　　　　　　　　　图 2-3

● 镜头：以毫米为单位设置摄影
机的焦距，使用"镜头"微调器
来指定焦距值。如图 2-4 所示是
"镜头"数值为 24 时的效果。

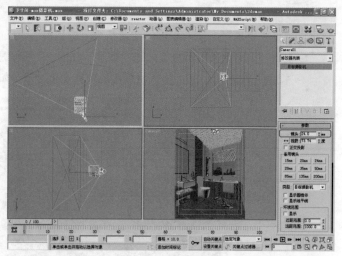

图 2-4

接着把"镜头"数值设置为 40，
摄影机视图观察范围减少，如
图 2-5 所示。

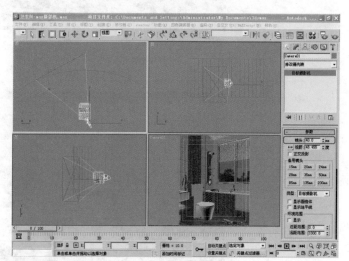

图 2-5

最后将"镜头"数值设置为 20，
摄影机视图观察范围增加，如
图 2-6 所示。

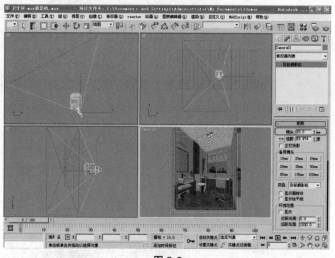

图 2-6

- FOV 方向弹出按钮——可以选择怎样应用视野（FOV）方向。↔水平，水平应用视野；↕垂直，垂直应用视野；↗对角线，在对角线上应用视野，从视图的一角到另一角。
- 视野——决定摄影机查看区域的宽度。如图 2-7 所示是"视野"数值为 73.74 时的效果。接着将"视野"数值设为 30，摄影机视图的观察宽度变窄，如图 2-8 所示。

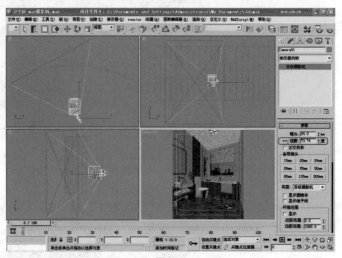

图 2-7

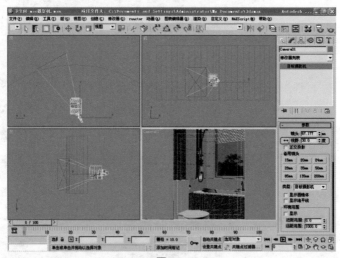

图 2-8

- 正交投影——选择该复选框后，摄影机视图看起来就像"用户"视图；禁用此选项后，摄影机视图好像标准的透视视图。
- "备用镜头"组——15mm、20mm、24mm、28mm、35mm、50mm、85mm、135mm 和 200mm——这些预设值设置摄影机的焦距（以毫米为单位）。
- 类型——可以将摄影机类型从目标摄影机更改为自由摄影机，或者将自由摄影机更改为目标摄影机。
- 显示圆锥体——显示摄影机视野定义的锥形光线（实际是一个四棱锥）。锥形光线出现在其他视图但是不出现在摄影机视图中。
- 显示地平线——在摄影机视图中的地平线层级显示一条深灰色的线条。

- 显示——显示在摄影机锥形光线内的矩形以显示近距范围和远距范围的设置。
- 近距范围和远距范围——确定在"环境面板"中设置大气效果的近距范围和远距范围的限制。在两个限制之间的对象消失在远端百分比和近端百分比之间。
- 手动剪切——选择该复选框可定义剪切平面。
- 近距剪切和远距剪切——设置近距和远距平面。对于摄影机，比近距剪切平面近或比远距剪切平面远的对象是不可视的。启用手动剪切后，近距剪切平面可以接近摄影机 0.1 个单位。

当不选择"手动剪切"复选框时，摄影机视图的效果如图 2-9 所示，不能穿透模型外框观察到卫生间内部。当选择"手动剪切"复选框并设置"近距剪切"和"远距剪切"的数值时，则可观察到卫生间内部，如图 2-10 所示。

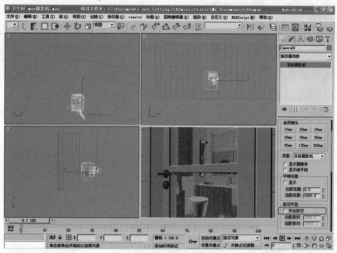

图 2-9

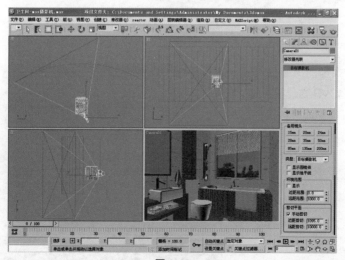

图 2-10

> **！注意**　3ds Max 自带摄影机的手动剪切功能十分实用，因此在效果图的制作中常常大量使用此类型的摄影机。

- 启用——选择该复选框后，使用效果预览或渲染。
- 预览——单击该按钮可在活动摄影机视口中预览效果。
- "效果"下拉列表框——使用该选项可以选择生成哪个多重过滤效果、景深或运动模糊。
- 渲染每过程效果——选择该复选框后，如果指定任何一个，则将渲染效果应用于多重过滤效果的每个过程（景深或运动模糊）。
- 目标距离——使用自由摄影机，将点设置为不可见的目标，以便可以围绕该点旋转摄影机。使用目标摄影机，表示摄影机和其目标之间的距离。
- 使用目标距离——选择该复选框后，可将摄影机的目标距离用作每个过程偏移摄影机的点。
- 焦点深度——当"使用目标距离"复选框处于禁用状态时，设置距离偏移摄影机的深度。
- 显示过程——选择该复选框后，渲染帧窗口显示多个渲染通道。
- 使用初始位置——选择该复选框后，第一个渲染过程位于摄影机的初始位置。
- 过程总数——用于生成效果的过程数。增加此值可以增加效果的精确性，但却以渲染时间为代价。
- 采样半径——通过移动场景生成模糊的半径。
- 采样偏移——模糊靠近或远离"采样半径"的权重。
- 规格化权重——使用随机权重混合的过程可以避免出现诸如条纹等人工效果。
- 抖动强度——控制应用于渲染通道的抖动程度。
- 平铺大小——设置抖动时图案的大小。
- 禁用过滤——选择该复选框后，禁用过滤过程。
- 禁用抗锯齿——选择该复选框后，禁用抗锯齿。

2.2 VRay 的摄影机

VRay 的摄影机系统由 VR 穹顶摄影机和 VR 物理摄影机组成，本节就对它们的特性和使用方法进行学习。

VRay 也有两种类型的摄影机，分别是 VR 穹顶摄影机和 VR 物理摄影机。图 2-11 中创建的是 VR 穹顶摄影机。

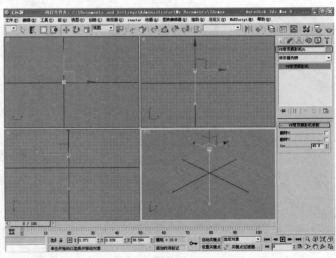

图 2-11

图 2-12 中创建的是 VR 物理摄影机。VR 物理摄影机的造型和控制参数都要比 VR 穹顶摄影机复杂。

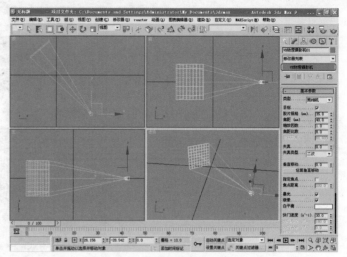

图 2-12

2.2.1 VR 穹顶摄影机

下面将学习 VR 穹顶摄影机的参数，观察使用此类型的摄影机可达到怎样的效果。

01 在场景中创建了一架 VR 穹顶摄影机，将摄影机按如图 2-13 所示进行放置。

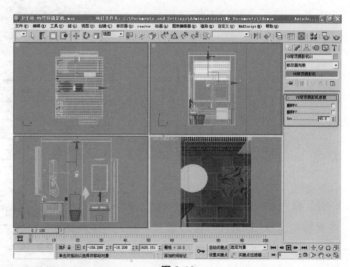

图 2-13

02 接着单击 3ds Max 9 工具栏中的 按钮进行渲染，渲染后的效果如图 2-14 所示。

图 2-14

03 然后在视图中选择 VR 穹顶摄影机并单击 按钮进入修改命令面板，在修改命令面板中可见其有 3 个控制选项。将最下方 Fov 的数值设置为 70，如图 2-15 所示，对比图 2-13（图 2-13 是 Fov 数值设置为 45 的情况）可见此时摄影机视图的观察范围有所增加。

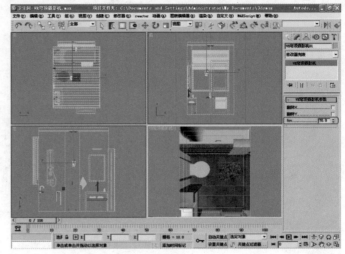

图 2-15

04 接着在 VR 穹顶摄影机的修改命令面板中选择"翻转 X"复选框，单击 按钮进行渲染。渲染后可见渲染图片沿 X 轴进行了翻转，如图 2-16 所示。

! 注意

当在 VR 穹顶摄影机的修改命令面板中选择"翻转 X"复选框时，VR 穹顶摄影机在视图中并不发生翻转，只有在渲染图片中才会发生翻转。

图 2-16

05 最后在 VR 穹顶摄影机的修改命令面板中选择"翻转 Y"复选框，单击 按钮进行渲染。渲染后可见渲染图片沿 Y 轴进行了翻转，如图 2-17 所示。

! 注意

VR 穹顶摄影机的控制参数较少，在效果图的制作中很少使用此类型摄影机。

图 2-17

由此可见 fov 的数值用于控制 VR 穹顶摄影机的观察范围，选择"翻转 X"或"翻转 Y"复选框可在渲染图片中沿 X 轴或 Y 轴翻转对象。

2.2.2 VR 物理摄影机

VR 物理摄影机的功能完全基于现实摄影机，并具有光圈、快门等调节功能。

01 打开随书光盘中的"案例相关文件 \ chapter02 \ 场景文件 \ 卫生间 – VR物理摄影机.max"文件。单击 按钮进入显示命令面板，选择"灯光"复选框，将场景中的灯光隐藏，这样便于更清楚地观察视图，如图 2-18 所示。

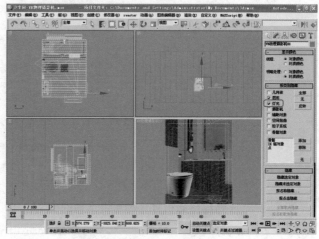

图 2-18

02 此时视图中已经创建了一盏 VR物理摄影机，单击工具栏中的 按钮，在顶视图中将物理摄影机头拖动到卫生间外部，VR 物理摄影机视图将发生变化。观察不到卫生间内部，如图 2-19所示。

 注意

VR 物理摄影机不同于 3ds Max 9 的目标摄影机，它不具备剪切功能。

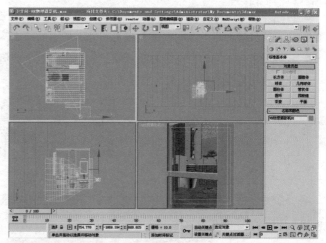

图 2-19

03 在顶视图中将物理摄影机头拖动到卫生间内部，此时在 VR 物理摄影机视图中即可观察到卫生间内部，如图2-20 所示。

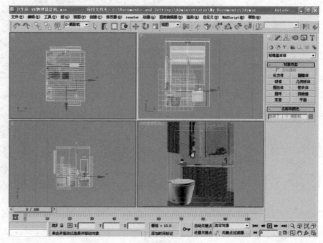

图 2-20

VR 物理摄影机的修改命令面板由"基本参数"、"Bokeh 特效"和"采样"3 个卷展栏组成,如图 2-21 所示。

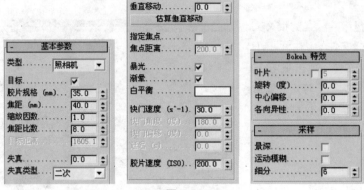

图 2-21

- 类型——VR 物理摄影机有 3 种可供选择的类型,即照相机、电影摄影机和摄影机,如图 2-22 所示。选择其中任意一种类型,在物理摄影机视图中都没有变化,通常在效果图制作中还是选择摄影机类型。
- 目标——当选择此复选框时,摄影机的目标点将放在焦平面上。取消选择此复选框时,目标距离选项将被激活,由它来控制摄影机到目标点的距离。
- 胶片规格——用于控制摄影机观察到的范围。这个数值越小,观察到的范围越狭窄;数值越大,观察到的范围越宽广,但会发生变形。

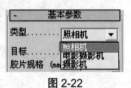

图 2-22

将"胶片规格"数值设置为 60,VR 物理摄影机视图观察到的范围要比胶片规格为 35 时看到的范围宽阔,如图 2-23 所示。

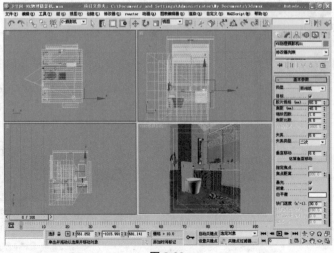

图 2-23

将"胶片规格"设置为 100 时，观察到的范围将进一步增加，但是 VR 物理摄影机视图中的物体发生变形，如图 2-24 所示。

- 焦距——通过这个数值同样可以控制视野范围。当数值减小时，视野范围相对扩大，同时发生变形。

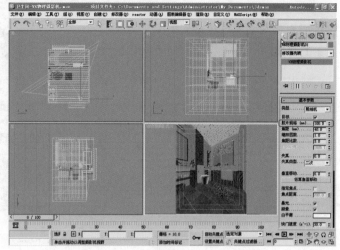

图 2-24

将"焦距"设置为 24，VR 物理摄影机视图的视野范围如图 2-25 所示。

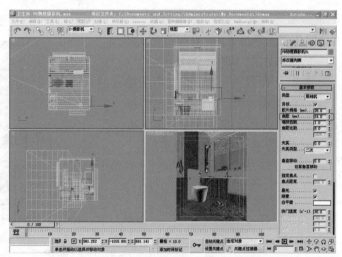

图 2-25

接着将"焦距"设置为 50，视野范围相对缩小，如图 2-26 所示。

- 缩放因数——用于控制摄影机镜头的拉远和推近。当数值减小时，拉远镜头；当数值增大时，推近镜头。

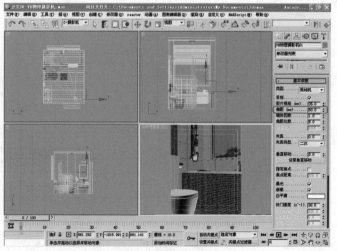

图 2-26

将"缩放因数"设置为2,在VR
物理摄影机视图中可观察到如图2-27
所示的物体。

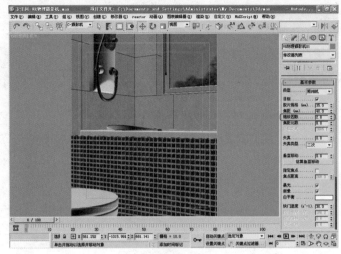

图 2-27

接着将"缩放因数"设置为6,推
近 VR 物理摄影机镜头,在视图中可观
察到的物体更少,如图2-28所示。

● 焦距比数——这个数值用于控
制光圈的大小。它可以控制渲
染图片的亮度,数值越小光线
越强,数值越大光线越弱。

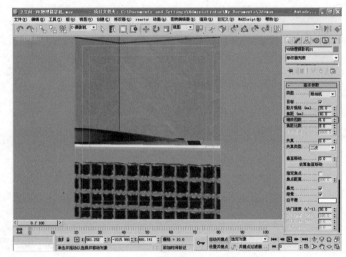

图 2-28

将"焦距比数"设置为8,单击工
具栏中的 🔘 按钮进行渲染,效果如图
2-29 所示。

图 2-29

将"焦距比数"设置为3,单击工具栏中的 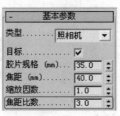 按钮进行渲染,场景光线增强,效果如图2-30所示。

- 目标距离——用于控制摄影机到目标点的距离。默认情况下是关闭的,当取消选择"目标"复选框时,"目标距离"选项将被激活。

- 失真——用于控制场景中的物体在摄影机的成像上发生扭曲。数值为正时凸显,数值为负时凹陷。

图 2-30

如图2-31所示,将"失真"数值设置为正值的时候,摄影机平面凸显。

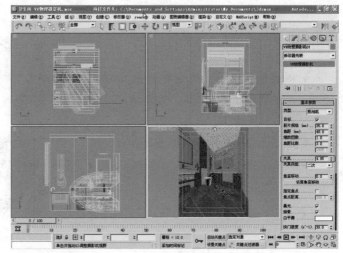

图 2-31

如图2-32所示,将"失真"数值设置为负值的时候,摄影机平面凹陷。

- 失真类型——有两种失真类型可供选择,分别是"二次"和"三次"类型。

- 垂直移动——用于控制摄影机在垂直方向的变形。

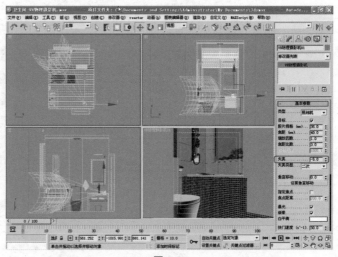

图 2-32

将"垂直移动"数值设置为 0.8,
摄影机在垂直方向上发生变形,如图
2-33 所示。

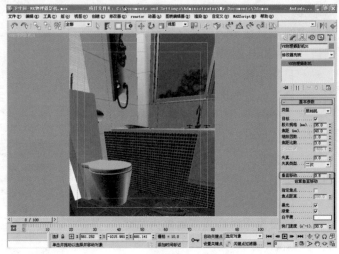

图 2-33

将"垂直移动"数值设置为 2.5,
摄影机在垂直方向上发生更加严重的
变形,如图 2-34 所示。

- 指点焦点——选择此复选框,
  可激活"焦点距离"选项,手
  动控制焦点。
- 焦点距离——用于控制焦距的
  大小。

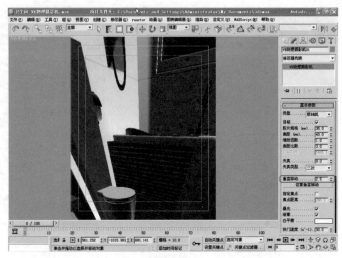

图 2-34

当取消选择"指定焦点"复选框
时,"焦点距离"选项处于未被激活的
状态,视图中的效果如图 2-35 所示。

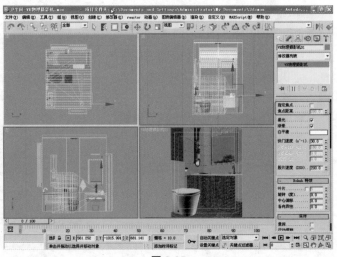

图 2-35

当选择"指定焦点"复选框时，"焦点距离"选项处于被激活的状态。默认的"焦点距离"数值为200，视图中的效果如图2-36所示。

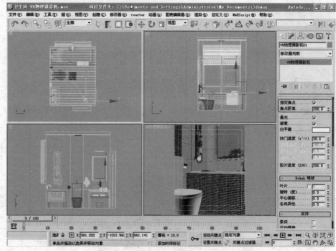

图 2-36

当"焦点距离"设置为2000时，焦点离VR物理摄影机头更远，视图中的效果如图2-37所示。

● 曝光——选择此复选框，将会出现曝光效果。

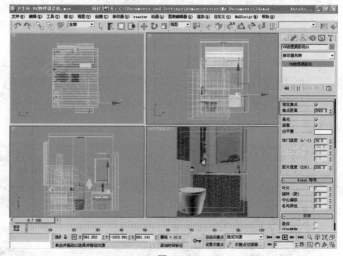

图 2-37

当选择"曝光"复选框后，单击工具栏中的 ⚪ 按钮进行渲染。渲染效果如图2-38所示。

图 2-38

当取消选择"曝光"复选框时，单击工具栏中的  按钮进行渲染。场景的整体亮度相对降低，渲染效果如图 2-39 所示。

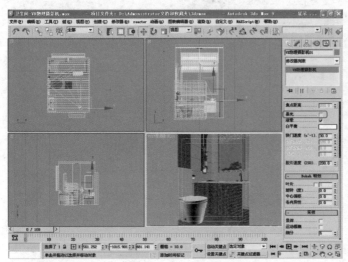

图 2-39

● 渐晕——选择此复选框，用于模拟真实摄影机的虚光效果。

取消选择"渐晕"复选框后，单击工具栏中的 按钮进行渲染，效果如图 2-40 所示。

选择"渐晕"复选框后，单击工具栏中的 按钮进行渲染，效果如图 2-41 所示，渲染图片在亮度上有变化。

图 2-40

图 2-41

● 白平衡——用于控制图的色偏。

单击"白平衡"选项后的颜色块，选择"红"、"绿"、"蓝"都为 255 的颜色，单击工具栏中的 按钮进行渲染，效果如图 2-42 所示。

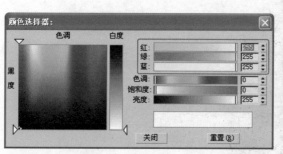

图 2-42

单击"白平衡"选项后的颜色块，选择"红"为157、"绿"为190、"蓝"为250的颜色，单击工具栏中的 ◎ 按钮进行渲染。渲染效果如图2-43所示，图片的颜色平衡被打破，整体偏黄。

图 2-43

● 快门速度——用于控制镜头的进光时间。数值越小，进光时间越长，渲染图片越亮；数值越大，进光时间越短，渲染图片越暗。

将"快门速度"数值设置为10，接着进行渲染，渲染效果如图2-44所示。

图 2-44

将"快门速度"数值设置为45，接着进行渲染，渲染效果如图2-45所示。数值越大，进光时间越短，渲染图片越暗。

图 2-45

- 快门角度——当选择"电影摄影机"选项时，此选项被激活。它仍然可控制渲染图片的明暗，角度数值越大，渲染图片越亮。
- 快门偏移——当选择"电影摄影机"选项时，此选项被激活，它可控制快门角度的偏移。
- 胶片速度——它可控制渲染图片的明暗。数值越大，感光系数越强，渲染图片也越亮。

将"胶片速度"数值设置为400进行渲染。此时胶片的感光系数比较高，渲染效果如图2-46所示。

图 2-46

将"胶片速度"数值设置为 150,接着进行渲染。此时胶片的感光系数降低,渲染效果如图 2-47 所示,渲染图片整体变暗。

图 2-47

- 叶片——用于控制散景产生小圆圈的边数。
- 旋转——控制散景小圆圈的旋转角度。
- 中心偏移——控制散景偏移原物体的距离。
- 各向异性——控制散景的各向异性,数值越大,散景小圆圈拉得越长。
- 景深——控制是否产生景深效果。
- 运动模糊——控制是否产生运动模糊效果。
- 细分——控制景深和运动模糊的采样细分,数值越高,渲染图片品质越好,渲染耗费时间也越长。

读书笔记

Chapter 3

材质与贴图部分

　　3ds Max 和 VRay 都有自己特有的材质和贴图系统，可以在场景中创建更为真实的效果，但是 VRay 的兼容性比较强，它能够兼容 3ds Max 的大部分材质。本章主要介绍 3ds Max 和 VRay 特有的材质系统。

3.1 3ds Max 9 的材质系统

材质可以在场景中创建更为真实的效果，描述对象是如何反射或透射灯光的。在 3ds Max 中，运用材质和贴图可以模拟纹理，应用设计、反射、折射和其他效果。

3.1.1 材质编辑器

要为场景中的物体创建合适的材质，必须在材质编辑器中进行创建，本节将来学习如何使用材质编辑器。

1. 材质编辑器的布局

材质编辑器是用于创建、改变和应用场景中材质的对话框，它提供创建和编辑材质及贴图的功能。

在主工具栏中单击 ▓ 按钮或在键盘上按 M 键都可以打开材质编辑器，如图 3-1 所示。材质编辑器对话框具有用于查看材质预览的示例窗。第一次查看材质编辑器时，材质预览具有统一的默认颜色。

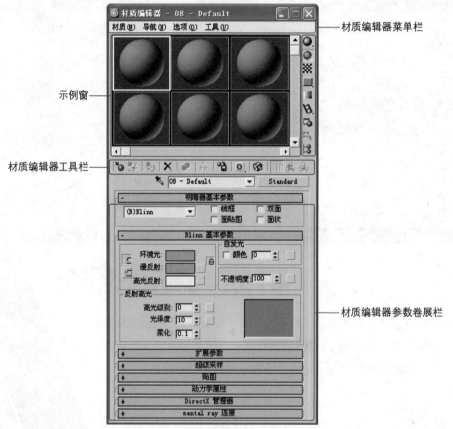

图 3-1

材质编辑器菜单栏出现在材质编辑器的顶部，它提供了另一种调用各种材质编辑器工具的方式。

示例窗——使用它可以保持和预览材质和贴图的每个窗口，也可以预览单个材质或贴图。使用材质编辑器控件可以更改材质，还可以把材质应用于场景中的对象。要做到这点，最简单的方法是将材质从示例窗拖动到视图中的对象上。

使用示例窗可以保存、预览材质和贴图，每个窗口可以预览单个材质或贴图。材质编辑器有24个示例窗，默认的情况下一次可以预览6个，拖动滚动条可以在24个示例窗间移动。

如果需要一次预览24个示例窗，可以用鼠标单击任意一个示例窗，示例窗将有个白色边框，表示它处于激活状态。接着用鼠标右键单击，在弹出的快捷菜单中选择"6×4示例窗"命令，24个示例窗将同时出现在材质编辑器中。

当示例窗中的材质指定给场景中的模型时，示例窗中的材质有冷热材质之分。如果材质没有应用于场景中的任何对象，就称它是冷材质。当示例窗中的材质指定给场景中的一个或多个对象时，示例窗中的材质便是热材质。

可以通过示例窗的拐角处表明材质是否是热材质，但是热材质有两种表现方式。

- 没有三角形——没有将材质指定给场景中的对象，是冷材质，如图3-2所示。
- 轮廓为白色三角形——此材质是热材质，已经将它指定给场景中的对象，但此时没有在场景中选择被指定了此材质的对象，如图3-3所示。
- 实心白色三角形——此材质不仅是热材质，而且此时在场景中选择了被指定此材质的对象，如图3-4所示。

图3-2　　　　　　　　　　图3-3　　　　　　　　　　图3-4

2. 材质编辑器的工具按钮

材质编辑器工具——位于材质编辑器示例窗下面和右侧的是用于管理和更改贴图及材质的按钮和其他控件。

- 获取材质——单击此按钮，将打开材质/贴图浏览器，它用于选择材质、贴图和mental ray明暗器。
- 将材质放入场景——单击此按钮，将材质放入场景中。
- 将材质指定给选定对象——单击此按钮，将激活材质指定给场景中所选择的对象。
- 重置贴图/材质为默认设置——单击此按钮，将移除材质颜色并设置灰色阴影，将光泽度、不透明度等数值重置为默认值，移除指定给材质的贴图。
- 复制材质——单击此按钮，将复制材质。
- 在视口中显示贴图——单击此按钮，将显示视图中对象表面的贴图材质。
- 显示最终结果——当此按钮处于按下状态时，可以查看所处级别的材质，而不查看所有其他贴图和设置的最终结果。当此按钮处于弹起状态时，示例窗只显示材质的当前级别。
- 转到父对象——单击此按钮，将在当前材质中向上移动一个层级。
- 转到下一个同级项——单击此按钮，将移动到当前材质中相同层级的下一个贴图或材质。
- 采样类型——单击此按钮，将开启采样类型的弹出按钮，它有 3种类型，可以从中选择需要的采样类型。
- 背光——单击此按钮，将背光添加到活动材质球中。默认情况下，此按钮处于按下状态。如图3-5所示的材质球是开启此按钮的效果，如图3-6所示的材质球是未开启此按钮的效果。

图 3-5

图 3-6

- ▓背景——单击此按钮，将多颜色方格背景添加到活动材质球中。如果要查看透明度的情况，则该图案背景很有帮助。
- ▣采样 UV 平铺——单击此弹出按钮上的按钮，将在活动材质球中调整采样对象上的贴图图案重复。
- ▣选项——单击此按钮，将弹出"材质编辑器选项"对话框，可以通过它控制材质和贴图在材质球中的显示方式。
- ▣按材质选择——激活材质球后单击此按钮，可以根据激活的材质选择场景中的被指定了此材质的对象。
- ▣材质/贴图导航器——单击此按钮，将弹出"材质/贴图导航器"对话框。可以通过材质中贴图的层次或复合材质中子材质的层次快速导航。

材质编辑器参数卷展栏——材质编辑器列出了多个参数卷展栏，用于设置材质的颜色、反射、折射、高光和透明度等属性。

> **❗注意** 材质编辑器的使用频率很高，因此读者有必要熟练掌握材质编辑器中工具按钮的功能。

3.1.2 贴图坐标和"UVW 贴图"修改器

在为模型指定材质的过程中，常发现指定的材质不能正确显示，这时就需要为模型添加"UVW 贴图"修改器为模型指定正确的贴图坐标。

1. 贴图坐标

贴图坐标用于指定几何体上贴图的位置、方向及大小。坐标通常以 U、V 和 W 指定，其中 U 是水平维度，V 是垂直维度，W 是可选的第三维度，它表示深度。如果将贴图材质应用到没有贴图坐标的对象上，将不能正确显示贴图。

图 3-7 和图 3-8 的地板都赋予了同一种地板材质，但是图 3-7 没有添加"UVW 贴图"修改器，贴图未能正确显示；图 3-8 添加了"UVW 贴图"修改器，贴图才能正确显示。

图 3-7

图 3-8

注意 当将运用了贴图的材质赋予选择对象时，需要给选择对象添加"UVW 贴图"修改器并指定贴图坐标，这样贴图才能正确显示。

2．UVW 贴图修改器

"UVW 贴图"修改器位于修改器列表中，它控制在对象曲面上如何显示贴图材质和程序材质，贴图坐标指定如何将位图投影到对象上。

球体和长方体等基本体对象可自动生成它们自己的贴图坐标，但手动构造的多边形或面片模型不具有贴图坐标系，需要应用"UVW 贴图"修改器。

为对象指定"UVW 贴图"修改器的步骤如下。

步骤 1：将贴图材质指定给对象后，在视图中选择没有贴图坐标的对象并单击 按钮进入修改命令面板。

步骤 2：在"参数"卷展栏中调整贴图参数。

（1）Gizmo 子层级

指定"UVW 贴图"修改器的对象后，在此对象的修改器堆栈中展开"UVW 贴图"修改器，可见它拥有"Gizmo 子层级"，如图 3-9 所示。

在 Gizmo 子对象层级，可以在视图中移动、缩放和旋转 Gizmo 以定位贴图。在修改器堆栈中进入"UVW 贴图"修改器的 Gizmo 子层级，移动 Gizmo 会更改投影中心并影响所有类型的贴图。旋转 Gizmo 会更改贴图方向，影响所有类型的贴图。均匀缩放不影响球形或收缩包裹贴图。非均匀缩放影响所有类型的贴图。

（2）"参数"卷展栏

UVW 贴图修改器的"参数"卷展栏由"贴图"选项组、"通道"选项组、"对齐"选项组和"显示"选项组组成，如图 3-10 所示。

图 3-9

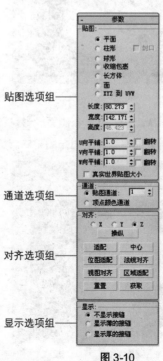

图 3-10

- 平面——从对象上的一个平面投影贴图。应用"平面"选项的长方体，如图 3-11 所示。
- 柱形——从柱体投影贴图，使用它包裹对象，位图接合处的缝是可见的。应用"柱形"选项的圆柱体，如图 3-12 所示。

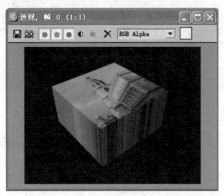

图 3-11

图 3-12

- 球形——通过从球体投影贴图来包围对象。在球体顶部和底部，位图边与球体两极交汇处会看到缝和贴图的极点。应用"球形"选项的球体，如图 3-13 所示。
- 收缩包裹——使用球形贴图，但是它会截去贴图的各个角，然后在一个单独极点将它们全部结合在一起，仅创建一个极点。应用"收缩包裹"选项的球体，如图 3-14 所示。

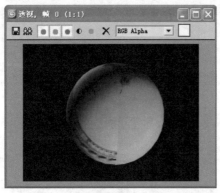

图 3-13

图 3-14

- 长方体——从长方体的 6 个侧面投影贴图，每个侧面投影为一个平面贴图，如图 3-15 所示。
- 面——在对象的每个面应用贴图副本。应用"面"选项的球体，如图 3-16 所示。

图 3-15

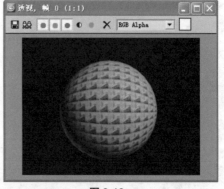

图 3-16

- XYZ 到 UVW——将 3D 程序坐标贴图到 UVW 坐标，会将程序纹理贴到表面。如果表面被拉伸，3D 程序贴图也将被拉伸。

> **注意** 当选择贴图类型时要根据视图中模型的形状来进行选择。

- 通道选项组——每个对象最多可有 99 个 UVW 贴图坐标通道，默认贴图始终为通道 1，"UVW 贴图"修改器可向任何通道发送坐标。
- X/Y/Z——选择其中之一，可翻转贴图 Gizmo 的对齐。
- 适配——将 Gizmo 适配到对象的范围并使其居中，以使其锁定到对象的范围。
- 中心——移动 Gizmo，使其中心与对象中心一致。
- 位图适配——显示标准的位图文件浏览器，可以拾取图像。将平面贴图，贴图图标设置为图像的纵横比。对圆柱形贴图，高度（而不是 Gizmo 的半径）进行缩放以匹配位图。
- 视图对齐——将贴图 Gizmo 重定向为面向活动视图，图标大小不变。
- 区域适配——激活一个模式，可在视图中拖动以定义贴图 Gizmo 的区域，不影响 Gizmo 的方向。
- 重置——删除控制 Gizmo 的当前控制器，并插入使用"适配"功能初始化的新控制器。
- 获取——在拾取对象并从中获取 UVW 时，可以从其他对象中有效地复制 UVW 坐标。并且弹出对话框提示选择绝对方式还是相对方式以完成获取。
- 不显示接缝——在视图中不显示贴图边界。
- 显示薄的接缝——使用相对细的线条，在视口中显示对象曲面上的贴图边界。
- 显示厚的接缝——使用相对粗的线条，在视口中显示对象曲面上的贴图边界。

3.1.3　3ds Max 9 的材质和贴图

3ds Max 9 拥有较多种类的材质和贴图，本节将对这些材质和贴图进行介绍。

1. 材质的分类

材质将使场景更加具有真实感，并详细描述对象如何反射或透射灯光。它也包含了很多种类。单击材质编辑器中的 按钮，打开材质/贴图浏览器，如图 3-17 所示。材质/贴图浏览器用于选择材质、贴图或 mental ray 明暗器。在材质/贴图浏览器中，前面是 符号的代表不同类型的材质，前面是 符号的代表不同类型的贴图。

在材质编辑器示例窗右下角显示当前材质的类型，如图 3-18 所示。如果要改变材质类型，可以在材质层级，单击材质编辑器工具栏下面的 Standard 按钮，弹出"材质/贴图浏览器"对话框，如果在单击 Standard 按钮时正位于某种材质上，则材质/贴图浏览器仅列出材质（如果位于贴图，则浏览器仅列出贴图）。从列表框中选择一种材质，然后单击 确定 按钮即可。

图 3-17　　　　　　　　　　　　　　　　　图 3-18

不同的材质有不同的用途，3ds Max 9 自带的材质共分十几种。

● 标准材质——标准材质是材质编辑器示例窗中的默认材质，它为表面建模提供了非常直观的方式。

● 光线跟踪材质——是高级表面着色材质，它与标准材质一样，能支持漫反射表面着色。它还可以创建完全光线跟踪的反射和折射效果。

● 建筑材质——建筑材质的设置是物理属性，当它与光度学灯光和光能传递一起使用时，能够提供最逼真的效果。

● mental ray 材质——专门用于 mental ray 渲染器的材质。当 mental ray 渲染器是活动渲染器时，并且当 mental ray 首选项面板已启用 mental ray 扩展名时，这些材质便可显示在材质/贴图浏览器中。

● 无光/投影材质——无光/投影材质允许将整个对象（或面的任何一个子集）构建为显示当前环境贴图的隐藏对象。

● 壳材质——壳材质用于纹理烘培。

● 高级照明覆盖材质——高级照明覆盖材质通常是基础材质的补充，基础材质可以是任意可渲染的材质。高级照明覆盖材质对普通渲染没有影响，但对光能传递解决方案或光跟踪会产生影响。

● Lightscape 材质——Lightscape 材质用于设置要在现有 Lightscape 光能传递网格中使用的 3ds Max 材质的光能传递行为。

● DirectX Shader 材质——用户可使用 DirectX 9（DX9）明暗器对视口中的对象进行着色。

- 混合材质——可以在曲面的单个面上将两种材质进行混合。
- 合成材质——通过添加颜色、相减颜色或者不透明混合的方法，最多可以合成 10 种材质。
- 双面材质——使用双面材质可以向对象的前面和后面指定两个不同的材质。
- 变形器材质——使用变形修改器随时间对多种材质进行管理。
- 多维/子对象材质——使用多维/子对象材质可以采用几何体的子对象级别分配不同的材质。
- 虫漆材质——使用加法合成将一种材质叠加到另一种材质上。
- 顶/底材质——使用它可以向对象的顶部和底部指定两个不同的材质。

2. 贴图的分类

使用贴图通常是为了改善材质的外观和真实感，也可以使用贴图创建环境或者创建灯光投射。贴图可以模拟纹理、应用的设计、反射、折射及其他的一些效果，与材质一起使用，可为对象几何体添加一些细节。

下面将介绍材质的“贴图”卷展栏，它用于访问并为材质的各个组件指定贴图，如图 3-19 所示。

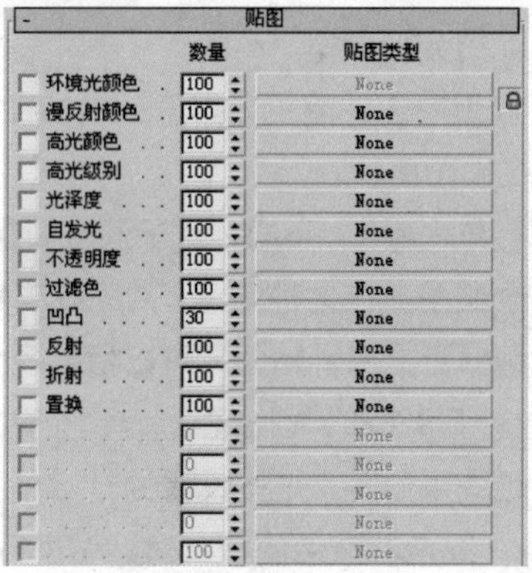

图 3-19

“贴图”卷展栏包含每个贴图类型的宽按钮，单击此按钮可以选择磁盘上存储的位图文件，或者选择程序贴图。选择贴图后，其名称和类型显示在按钮上。通过该按钮左侧的复选框，可以禁用或启用贴图效果。禁用该复选框时，不计算该贴图，且在渲染器中不生效。

“贴图”卷展栏包含了环境光颜色贴图通道、漫反射颜色贴图通道、高光颜色贴图通道、光泽度贴图通道、自发光贴图通道、不透明度贴图通道、凹凸贴图通道、反射贴图通道、折射贴图通道和置换贴图通道等。可以在这些贴图通道中添加各种贴图来改善材质的外观和真实感。

不同的贴图有不同的用途，3ds Max 9 提供了几十种自带的贴图。

- 位图贴图——图像将很多静止图像文件格式保存为像素阵列，如 .tga、.bmp 等，或动画文件，如 .avi、.flc 或 .ifl。
- combustion 贴图——可以同时使用 Combustion 软件和 3ds Max 来交互式地创建贴图。
- 渐变贴图——从一种颜色到另一种颜色进行着色。为渐变指定 2 种或 3 种颜色。
- 渐变坡度贴图——与渐变贴图相似，它从一种颜色到另一种进行着色，在这个贴图中，可以为渐变指定任何数量的颜色或贴图。
- 旋涡贴图——是一种程序的贴图，它生成的图案类似于两种口味冰淇淋的外观。
- 平铺贴图——使用平铺程序贴图，可以创建砖、彩色瓷砖或材质贴图。
- 细胞贴图——生成用于各种视觉效果的细胞图案。

- 凹痕贴图——在曲面上生成三维凹凸。
- 衰减贴图——基于几何体曲面上面法线的角度衰减生成从白色到黑色的值。在创建不透明的衰减效果时，衰减贴图提供了很大的灵活性。
- 大理石贴图——使用两个显式颜色和第 3 个中间色模拟大理石的纹理。
- 噪波贴图——噪波是三维形式的湍流图案。
- 粒子年龄贴图——基于粒子的寿命更改粒子的颜色（或贴图）。
- 粒子运动模糊贴图——基于粒子的移动速率更改其前端和尾部的不透明度。
- Perlin 大理石贴图——带有湍流图案的备用程序大理石贴图。
- 行星贴图——模拟空间角度的行星轮廓。
- 烟雾贴图——生成基于分形的湍流图案，以模拟一束光的烟雾效果或其他云雾状的流动贴图效果。
- 斑点贴图——生成带斑点的曲面，用于创建可以模拟花岗石和类似材质的带有图案的曲面。
- 泼溅贴图——生成类似于泼墨画的分形图案。
- 灰泥贴图——生成类似于灰泥的分形图案。
- 波浪贴图——生成许多球形波浪中心并随机分布，生成水波纹或波形效果。
- 木材贴图——创建 3D 木材纹理图案。
- 合成贴图——合成多个贴图，与“混合”不同，对于混合的量合成没有明显的控制。
- 遮罩贴图——它本身就是一个贴图，在这种情况下用于控制第二个贴图应用于表面的位置。
- 混合贴图——使用它混合两种颜色或两种贴图。可以指定混合级别调整混合的量。
- RGB 相乘贴图——通过倍增其 RGB 和 Alpha 值组合两个贴图。
- 输出贴图——将位图输出功能应用到没有这些设置的参数贴图中。
- RGB 染色贴图——基于红色、绿色和蓝色的值，对贴图进行染色。
- 顶点颜色贴图——显示渲染场景中指定顶点颜色的效果，从可编辑的网格中指定顶点颜色。

3.2　VRay 的材质系统

VRay 虽然能够兼容 3ds Max 9 的大部分材质和贴图，但是它有自己专有的材质和贴图，本节将学习它们。

3.2.1　VRay 的材质

当安装并启用 VRay 渲染器后，在材质/贴图浏览器中将新增多种 VRay 特有的材质，本节就对这些材质进行详细介绍。

1. VRayMtl 材质

VRayMtl 材质是 VRay 渲染器中最常用的材质，它能够获得更准确的物理照明。它的反射和折射参数调节更简便，还可以运用不同的纹理贴图模拟更真实的材质效果。

本节将通过实例来学习 VRayMtl 材质的使用。

01 打开随书光盘中的"案例相关文件\chapter03\场景文件\材质测试场景\材质测试场景-1.max"文件，如图3-20所示。

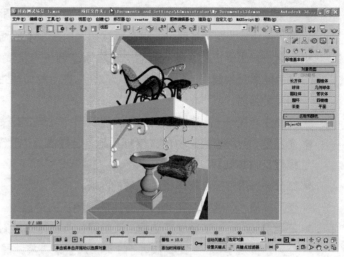

图 3-20

02 单击工具栏中的 按钮，打开材质编辑器，激活一个空白材质球。单击 `Standard` 按钮，在开启的"材质/贴图浏览器"中选择 VRayMtl 选项，单击 `确定` 按钮，如图3-21所示。

> **！注意**
>
> 在材质编辑器的空白材质球中，材质的默认设置都是 3ds Max 的标准材质。当使用 VRay 渲染器进行渲染的同时使用 3ds Max 标准材质，速度会受到一定影响。

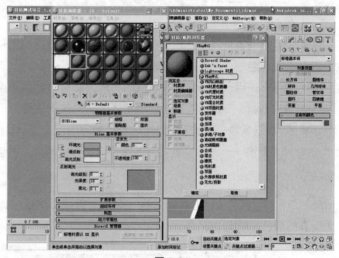

图 3-21

03 当选择了 VRayMtl 材质后，它的设置面板将会发生改变，如图3-22所示。展开它的"基本参数"卷展栏，如图3-23所示。

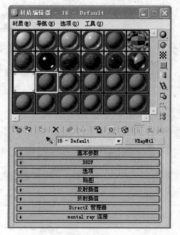

图 3-22

图 3-23

- 漫射——用于确定物体表面固有的颜色。单击 ▢▢▢ 按钮可以在弹出的"颜色选择器"面板中选择颜色作为固有的颜色。单击 ▢ 按钮可以在"材质 / 贴图浏览器"中选择贴图作为固有纹理。
- 反射——用于控制物体的反射，这里通过颜色的灰度来控制反射的强弱，颜色越白反射越强，颜色越黑反射越弱。也可以单击 ▢ 按钮，在"材质/贴图浏览器"中选择贴图，用它的灰度来控制反射强弱。
- 高光光泽度——此选项默认为未激活状态，可单击 L 按钮激活。用于控制材质高光的大小。
- 光泽度——用于控制物体的模糊反射，当数值为 1 时无模糊反射，当数值低于 1 时，数值越小模糊反射越强烈。
- 细分——用于控制物体模糊反射的品质。
- 使用插值——选择此复选框能够加快模糊反射的渲染。
- 菲涅尔反射——选择此复选框，反射强度与物体的入射角度有关系，能模拟更真实的反射效果。
- 菲涅尔折射率——当此参数大于 1 时，反射衰减将减弱。
- 最大深度——用于设置反射的最大次数。
- 退出颜色——当光线达到最大的反射次数将停止计算，这时由于反射次数不够导致的反射区域的颜色就用退出颜色来代替。
- 类型——有两种半透明类型可供选择，分别是硬（蜡）模型和软（水）模型。
- 背面颜色——用于控制次表面散射的颜色。
- 厚度——用于控制光线在半透明物体内部被追踪的深度。
- 散布系数——用于控制半透明物体内部的散射总量。
- 前/后驱系数——用于控制光线散射的方向。
- 灯光倍增——光线穿透能力倍增数值，数值越大，散射效果越强。

04 单击 ▢▢▢ 按钮，在弹出的"颜色选择器"面板中选择"红"、"绿"、"蓝"都为 40 的颜色作为固有的颜色，如图 3-24 所示。

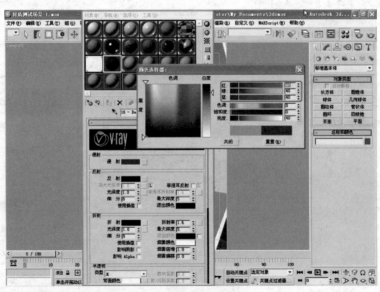

图 3-24

05 单击█████按钮,在弹出的"颜色选择器"面板中选择"红"、"绿"、"蓝"都为 180 的颜色作为固有的颜色,如图3-25 所示。

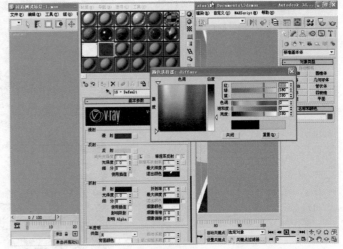

图 3-25

06 单击 L 按钮激活"高光光泽度"选项,将其数值设置为 0.9,如图 3-26 所示。

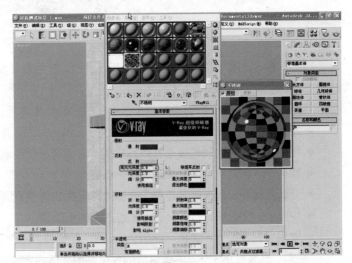

图 3-26

07 接着将"光泽度"数值设置为0.95,如图 3-27 所示。

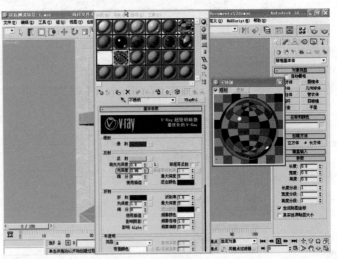

图 3-27

08 单击工具栏中的 按钮进行渲染,渲染后的不锈钢材质效果如图 3-28 所示。

图 3-28

BRDF 和"选项"卷展栏如图 3-29 所示。BRDF 卷展栏用于控制物体表面的反射特性,只有反射颜色不为黑色,反射模糊不为 1 时才有效。

"选项"卷展栏是个综合卷展栏,这里将对它的参数进行介绍。

● 跟踪反射——控制光线是否跟踪反射。取消选择此复选框,材质将不渲染反射效果。

● 跟踪折射——控制光线是否跟踪折射。取消选择此复选框,材质将不渲染折射效果。

● 双面——控制材质渲染的面是否是双面。

● 背面反射——选择此复选框,强制计算反射物体的背面反射效果。

● 中止——控制反射和折射不被光线跟踪的极限值。

● 使用发光贴图——选择"使用发光贴图"复选框,将使用发光贴图作为材质的漫反射间接照明。

"贴图"卷展栏用于访问并为材质的各个贴图通道指定纹理贴图,如图 3-30 所示。

"反射插值"卷展栏用于控制具有反射光泽度的材质样本。

"折射插值"卷展栏用于控制具有折射光泽度的材质样本。

图 3-29

图 3-30

2. VR 灯光材质

将 VR 灯光材质指定给场景中的任意物体，通过设置参数可以使次物体成为光源。

这里将通过实例来学习 VR 灯光材质的使用。

01 打开随书光盘中的"案例相关文件\chapter03\场景文件\材质测试场景\材质测试场景-2.max"文件，如图 3-31 所示。

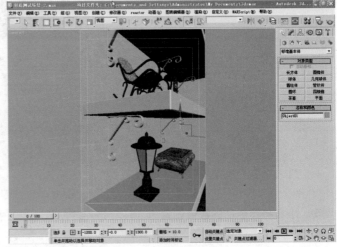

图 3-31

02 单击工具栏中的 按钮，打开材质编辑器，激活一个空白材质球。单击 Standard 按钮，在弹出的"材质/贴图浏览器"中选择"VR 灯光材质"选项，单击 确定 按钮，如图 3-32 所示。

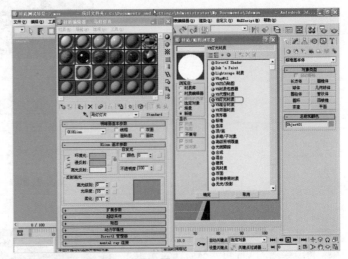

图 3-32

03 选择 VR 灯光材质后，它的设置面板如图 3-33 所示。

● 颜色——用于控制材质光源的发光颜色。它后面的数值用于控制光源的强度。

● 双面——选择此复选框，可以让材质光源双面发光。

● 不透明度——可以设置贴图，让贴图来充当光源。

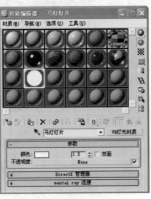

图 3-33

04 单击 ▢ 按钮，在弹出的
"颜色选择器"面板中选择"红"、"绿"、
"蓝"分别为 255、237、195 的颜色作
为固有的颜色，如图 3-34 所示。

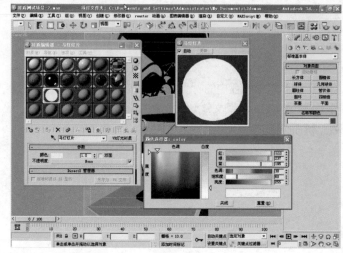

图 3-34

05 接着将颜色后的数值设置为 30，
材质示例窗中的材质变亮，如图 3-35
所示。

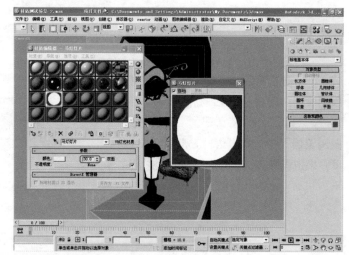

图 3-35

06 单击工具栏中的 ▢ 按钮进行渲
染，将渲染后的 VR 灯光材质作为光源，
将其周围照亮，效果如图 3-36 所示。

❶ 注意

VR 灯光材质除了有自发光的效果外，还具
有光源的特性，能够照亮其周围的对象。

图 3-36

3. VR 材质包裹器

通过设定 VR 材质包裹器可以使指定了此材质的物体具备接收和产生全局光照、产生焦散及接收焦散的属性。

这里将通过实例来学习 VR 材质包裹器的使用。

01 打开随书光盘中的"案例相关文件 \ chapter03 \ 场景文件 \ 材质测试场景 \ 材质测试场景−3.max"文件，如图 3-37 所示。

图 3-37

02 单击工具栏中的 ❀ 按钮，打开材质编辑器，其中有个名为"装饰品−2"的材质球，它已经指定给场景中的托盘对象了。将"装饰品−2"的材质按如图 3-38 所示进行设置。

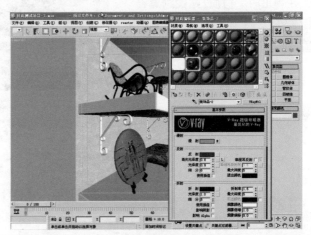

图 3-38

03 在"材质编辑器"中展开"装饰品−2"材质的"贴图"卷展栏，可见在它的"漫射"通道和"凹凸"通道中分别添加了图片，如图 3-39 所示。

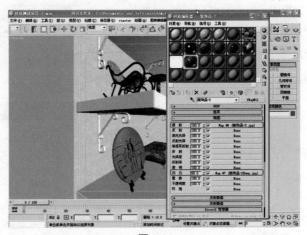

图 3-39

04 单击工具栏中的 按钮进行渲染，观察图 3-40 所示的渲染图片，会发现场景有溢色现象。托盘的红色映射在木板上。

图 3-40

05 再次打开材质编辑器，激活"装饰品 −2"材质球。单击 VRayMtl 按钮，在弹出的"材质/贴图浏览器"中选择"VR 材质包裹器"选项并单击 确定 按钮，如图 3-41 所示。

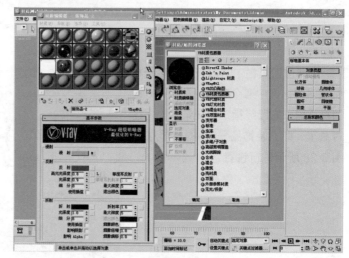

图 3-41

06 在弹出的"替换材质"对话框中选择"将旧材质保存为子材质"单选按钮，如图 3-42 所示。这样原来指定的 VRayMtl 材质将成为 VR 材质包裹器的子材质。

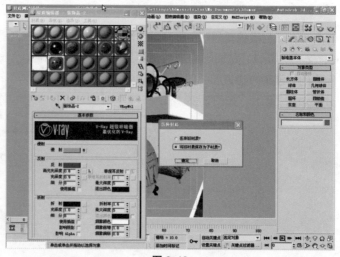

图 3-42

07 VR 材质包裹器的设置面板如图 3-43 所示，旧材质成为基本材质。在 VR 材质包裹器的设置面板上单击 <kbd>装饰品-2 （VRayMtl）</kbd> 按钮进入基本材质的设置面板，如图 3-44 所示。因为直接将旧材质作为基本材质，是预先设置好的，所以不需要再次设置。

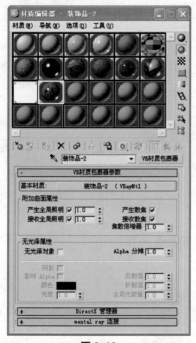

图 3-43

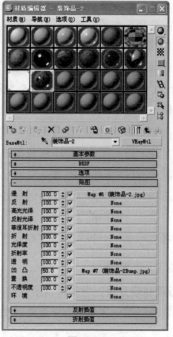

图 3-44

08 将"产生全局照明"后的数值设置为 0.4，如图 3-45 所示。单击工具栏中的 按钮进行渲染，渲染后可见场景中的溢色现象得到控制，如图 3-46 所示。

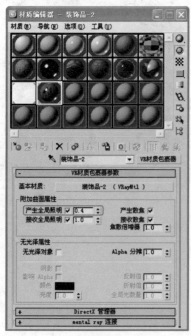

图 3-45

图 3-46

- 基本材质——用于设置包裹器中基础材质的参数。
- 产生全局照明——控制赋予了材质包裹器的对象是否计算全局照明的产生。
- 接收全局照明——控制赋予了材质包裹器的对象是否计算全局照明的接收。
- 产生散焦——控制赋予了材质包裹器的对象是否产生散焦。
- 接收散焦——控制赋予了材质包裹器的对象是否接收散焦。
- 散焦倍增器——控制赋予了材质包裹器对象的焦散强度。
- 无光泽对象——选择此复选框后，赋予了材质包裹器的对象将不可见。
- Alpha 分摊——控制赋予了材质包裹器的对象在 Alpha 通道的状态。
- 阴影——控制赋予了材质包裹器的对象是否产生阴影。
- 影响 Alpha——选择此复选框，渲染出来的阴影带 Alpha 通道。
- 颜色——控制赋予了材质包裹器对象的阴影颜色。
- 亮度——控制阴影的亮度。
- 反射值——控制赋予了材质包裹器对象的反射数量。
- 折射值——控制赋予了材质包裹器对象的折射数量。
- 全局光数量——控制赋予了材质包裹器对象的全局光照数量。

4. VR 双面材质

VR 双面材质是可以将两种材质融合成为一种材质的复合材质。

这里将通过实例来学习 VR 双面材质的使用。

01 打开随书光盘中的"案例相关文件 \ chapter03 \ 场景文件 \ 材质测试场景 \ 材质测试场景−4.max"文件，如图 3-47 所示。

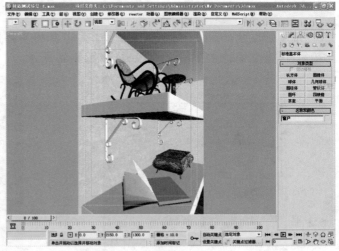

图 3-47

02 单击工具栏中的 ⬚⬚ 按钮打开材质编辑器，激活一个空白材质球。单击 Standard 按钮，在弹出的"材质/贴图浏览器"中选择"VR双面材质"选项，单击 确定 按钮，如图3-48所示。

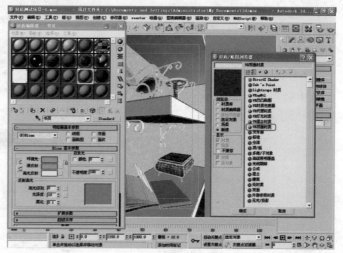

图 3-48

03 在弹出的"替换材质"对话框中选择"丢弃旧材质"单选按钮，如图3-49所示。这样原来的材质将被删除，将创建新的VR双面材质。

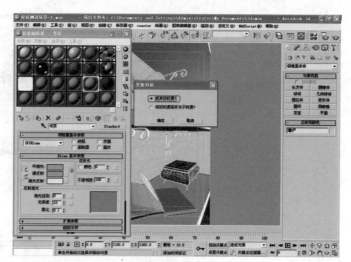

图 3-49

04 新的VR双面材质的设置面板如图3-50所示，有正面材质和背面材质两个子材质。

- 正面材质——对象正面的材质。
- 背面材质——对象背面的材质。
- 半透明——控制正面材质和背面材质的融合比例。

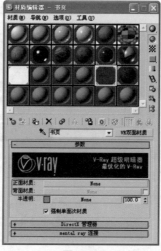

图 3-50

05 在 VR 双面材质的设置面板上单击"正面材质"后的 None 按钮，在弹出的"材质/贴图浏览器"中选择 VRayMtl 选项并单击 确定 按钮，如图 3-51 所示。

图 3-51

06 单击"漫射"后的 按钮，在弹出的"颜色选择器"面板中选择"红"为 0、"绿"为 222、"蓝"为 255 的颜色作为固有的颜色，如图 3-52 所示。

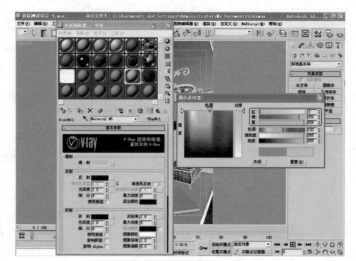

图 3-52

07 单击"材质编辑器"上的 按钮回到此材质的顶层。接着在 VR 双面材质的设置面板上选择"背面材质"激活它，然后单击"背面材质"后的 None 按钮，在弹出的"材质/贴图浏览器"中选择 VRayMtl 选项并单击 确定 按钮。单击"漫射"后的 按钮可以在弹出的"颜色选择器"面板中选择"红"为 255、"绿"为 246、"蓝"为 0 的颜色作为固有的颜色，如图 3-53 所示。

图 3-53

08 单击"半透明"后的██按钮，在弹出的"颜色选择器"面板中选择"红"、"绿"、"蓝"都为128的颜色，此时蓝色和黄色混合，材质球呈现绿色，如图3-54所示。

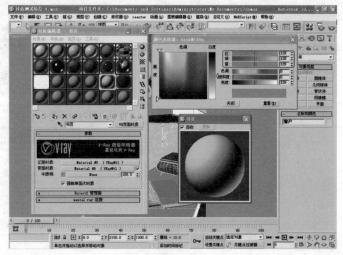

图 3-54

09 接着在打开的"颜色选择器"面板中选择"红"、"绿"、"蓝"都为0的颜色，此时只能看见正面材质，如图3-55所示。

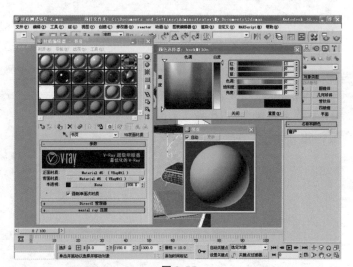

图 3-55

10 单击工具栏中的██按钮进行渲染，渲染后场景如图3-56所示，书呈蓝色显示。

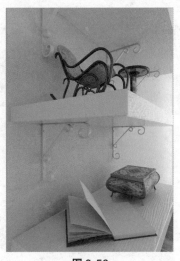

图 3-56

11 接着在弹出的"颜色选择器"面板中选择"红"、"绿"、"蓝"都为255的颜色，此时只能看见背面材质，如图3-57所示。

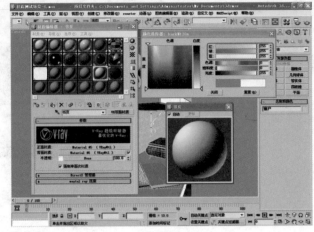

图 3-57

5. VR 混合材质

VR 混合材质也是一种复合材质，可以让多个材质以层的方式混合来模拟一些复杂的材质。这里将通过实例来学习 VR 混合材质的使用。

01 打开随书光盘中的"案例相关文件 \ chapter03 \ 场景文件 \ 材质测试场景 \ 材质测试场景－5.max"文件，如图 3-58 所示。

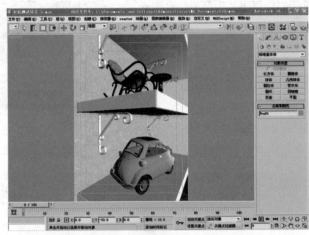

图 3-58

02 单击工具栏中的 按钮打开材质编辑器，激活一个空白材质球。单击 Standard 按钮，在弹出的"材质/贴图浏览器"中选择"VR 混合材质"选项，如图 3-59 所示。

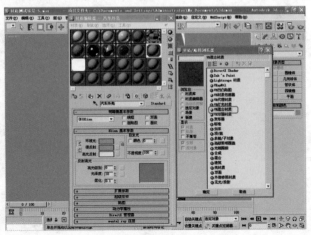

图 3-59

03 VR 混合材质的设置面板如图 3-60 所示，它有一个基本材质和 9 个镀膜材质。

- 基本材质——最基础的材质。
- 镀膜材质——在基本材质上面的材质。
- 混合数量——控制基本材质和镀膜材质的混合程度。

图 3-60

04 在 VR 混合材质的设置面板上单击"基本材质"后的 None 按钮，在弹出的"材质/贴图浏览器"中选择 VRayMtl 材质，如图 3-61 所示。

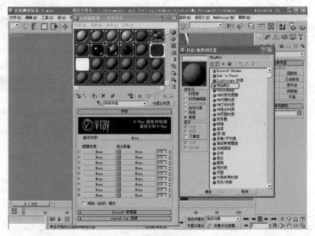

图 3-61

05 单击"漫射"后的█████按钮，在弹出的"颜色选择器"面板中选择"红"为 43，"绿"为 191，"蓝"为 200 的颜色作为固有的颜色，如图 3-62 所示。

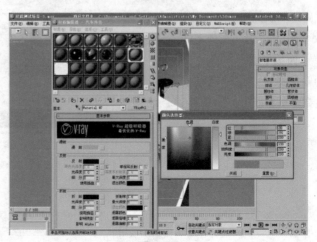

图 3-62

06 单击"材质编辑器"上的 按钮回到此材质的顶层。接着在 VR 混合材质的设置面板中单击 1 号镀膜材质后的 None 按钮，在弹出的"材质/贴图浏览器"中选择 VRayMtl 材质并单击 确定 按钮。单击"漫射"后的 按钮可以在弹出的"颜色选择器"面板中选择"红"、"绿"、"蓝"为 150 的颜色，如图 3-63 所示。

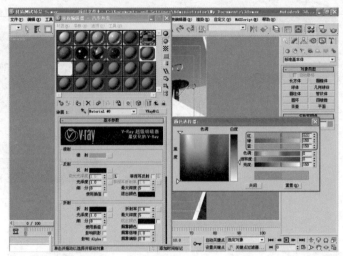

图 3-63

07 单击"反射"后的 按钮，在弹出的"颜色选择器"面板中选择"红"、"绿"、"蓝"为 250 的颜色，如图 3-64 所示。

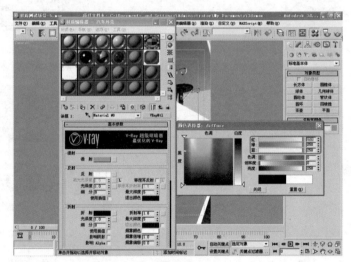

图 3-64

08 单击"材质编辑器"上的 按钮回到此材质的顶层，接着单击控制混合数量的 按钮。在弹出的"颜色选择器"面板中选择"红"、"绿"、"蓝"都为 0 的颜色，此时镀膜材质将不能混合在基础材质上，如图 3-65 所示。

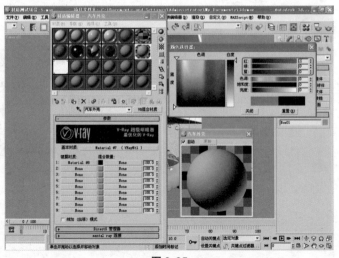

图 3-65

09 在弹出的"颜色选择器"面板中
选择"红"、"绿"、"蓝"都为 100 的颜色,
此时镀膜材质将混合在基础材质上,如
图 3-66 所示。

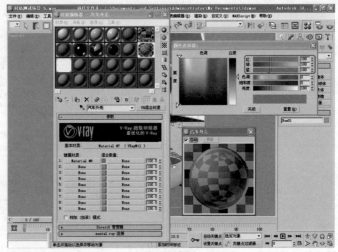

图 3-66

10 单击工具栏中的  按钮进行渲
染,渲染后的场景如图 3-67 所示。

图 3-67

6. VR 快速 3s 材质(VR 凹凸)

VR 快速 3s 材质(VR 凹凸)是用来计算次表面散射效果的材质,但此处是内部计算简化了的
材质。

> ⚠️ **注意** 常常使用 VR 快速 3s 材质来模拟玉和皮肤的效果。

这里将通过实例来学习 VR 快速 3s 材质的使用。

01 打开随书光盘中的"案例相关文件 \ chapter03 \ 场景文件 \ 材质测试场景 \ 材质测试场景-6.max"文件，如图 3-68 所示。

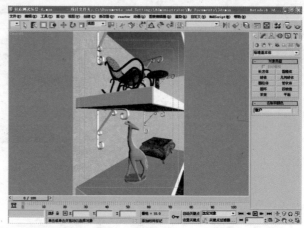

图 3-68

02 单击工具栏中的 💠 按钮打开材质编辑器，激活一个空白材质球。单击 **Standard** 按钮，在弹出的"材质/贴图浏览器"中选择"VR 凹凸贴图"选项，如图 3-69 所示。

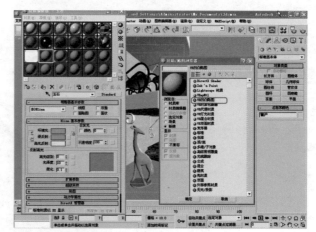

图 3-69

03 VR 凹凸贴图的设置面板如图 3-70 所示。

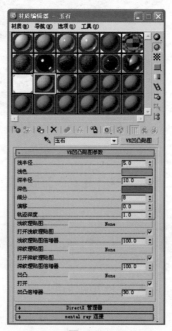

图 3-70

04 在 VR 凹凸贴图的设置面板上将浅半径设置为 0.5，深半径设置为 1，如图 3-71 所示。

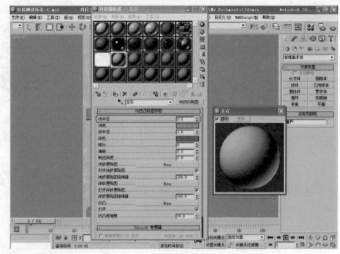

图 3-71

05 单击"浅色"后的 ▢ 按钮，在弹出的"颜色选择器"面板中选择"红"为 104、"绿"为 255、"蓝"为 158 的颜色，如图 3-72 所示。

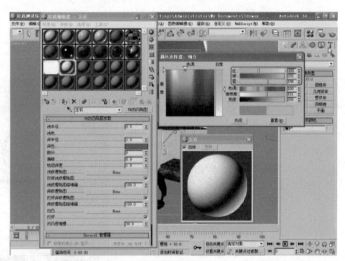

图 3-72

06 单击"深色"后的 ▢ 按钮，在弹出的"颜色选择器"面板中选择"红"为 35、"绿"为 85、"蓝"为 53 的颜色，如图 3-73 所示。

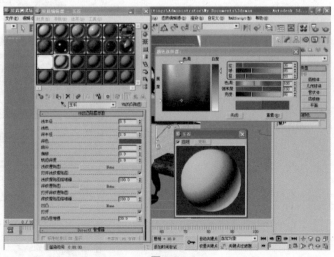

图 3-73

07 单击工具栏中的 按钮进行渲染，渲染后的效果如图 3-74 所示。

图 3-74

7. VR 代理材质

VR 代理材质可以方便地控制场景的反射、折射和色彩融合等效果。这里将通过实例来学习 VR 代理材质的使用。

01 打开随书光盘中的 "案例相关文件 \ chapter03 \ 场景文件 \ 材质测试场景 \ 材质测试场景−7.max" 文件，如图 3-75 所示。

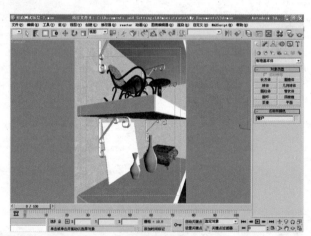

图 3-75

02 单击工具栏中的 按钮打开材质编辑器，激活一个空白材质球。单击 Standard 按钮，在弹出的 "材质/贴图浏览器" 中选择 "VR 代理材质" 选项，如图 3-76 所示。

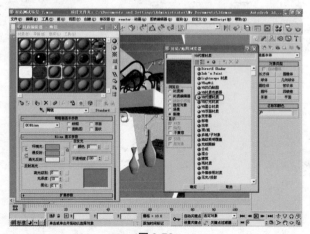

图 3-76

03 VR 代理材质的设置面板如图 3-77 所示，共有 4 个子材质，分别是基本材质、全局光材质、反射材质和折射材质。

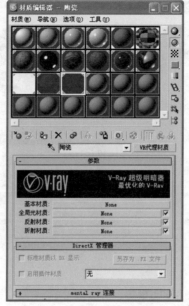

图 3-77

04 在 VR 代理材质的设置面板上单击"基本材质"后的 None 按钮，在弹出的"材质/贴图浏览器"中选择 VRayMtl 材质，如图 3-78 所示。

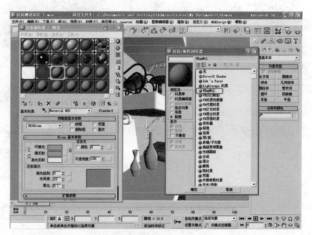

图 3-78

05 单击"漫射"后的 按钮，在弹出的"颜色选择器"面板中选择"红"、"绿"、"蓝"为 250 的颜色作为陶瓷的固有色，如图 3-79 所示。

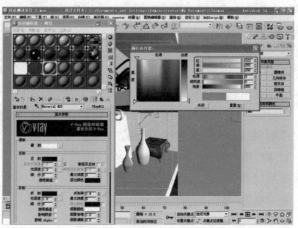

图 3-79

06 单击"反射"后的 [　　　] 按钮，在弹出的"颜色选择器"面板中选择"红"、"绿"、"蓝"为65的颜色，如图3-80所示。

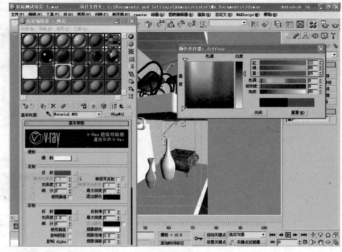

图 3-80

07 单击"材质编辑器"上的 [ ] 按钮回到此材质的顶层。接着在 VR 代理材质的设置面板中单击"反射材质"后的 [None] 按钮，在弹出的"材质/贴图浏览器"中选择 VRayMtl 材质并单击 [确定] 按钮。单击"漫射"后的 [　　　] 按钮可以在弹出的"颜色选择器"面板中选择"红"为200、"绿"和"蓝"为0的颜色，如图3-81所示。

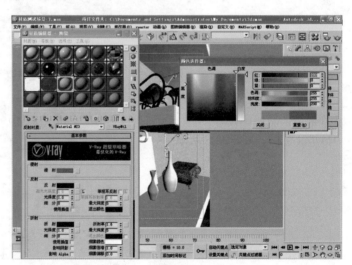

图 3-81

08 单击"材质编辑器"上的 [ ] 按钮回到此材质的顶层，此时设置完成的陶瓷材质如图3-82所示。

● 基本材质——物体最基础的材质。

● 全局光材质——控制灯光反弹的材质。

● 反射材质——在反射中看到的物体材质。

● 折射材质——在折射中看到的物体材质。

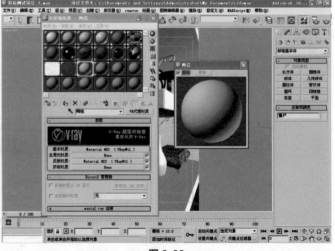

图 3-82

09 激活一个空白材质球，命名为
"玻璃瓶子"。单击 `Standard` 按钮，
在弹出的"材质/贴图浏览器"中选择
"VR代理材质"，如图3-83所示。

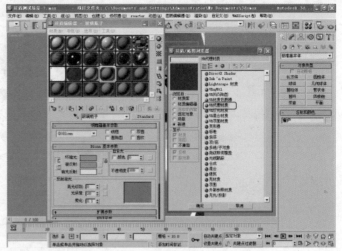

图 3-83

10 在VR代理材质的设置面板上
单击"基本材质"后的 `None` 按钮，
在弹出的"材质/贴图浏览器"中选
择VRayMtl材质。单击"反射"后的
`▇▇▇`按钮可以在弹出的"颜色选择
器"面板中选择"红"、"绿"、"蓝"为
0的颜色作为固有色，如图3-84所示。

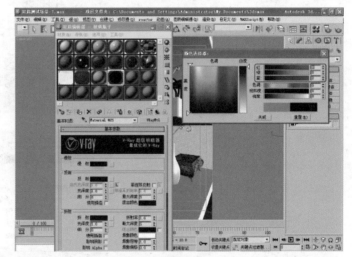

图 3-84

11 单击"反射"后的▇按钮，在弹
出的"材质/贴图浏览器"中选择"衰减"
贴图，如图3-85所示。

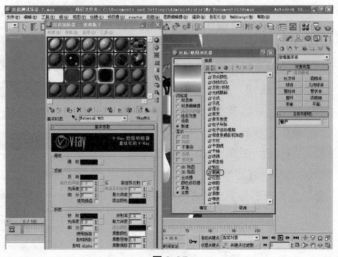

图 3-85

12 在衰减贴图的设置面板上按如图 3-86 所示进行设置，接着单击 ✿ 按钮回到上一层级。

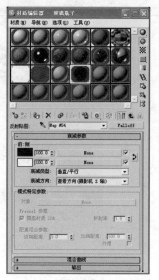

图 3-86

13 单击"折射"后的 ▭ 按钮，在弹出的"颜色选择器"面板中选择"红"、"绿"、"蓝"为 255 的颜色，如图 3-87 所示。

图 3-87

14 单击"材质编辑器"上的 ✿ 按钮回到此材质的顶层。接着在 VR 代理材质的设置面板单击"折射材质"后的 None 按钮，在弹出的"材质/贴图浏览器"中选择 VRayMtl 材质并单击 确定 按钮。单击"漫射"后的 ▭ 按钮，在弹出的"颜色选择器"面板中选择"红"为 105、"绿"为 176、"蓝"为 255 的颜色，如图 3-88 所示。

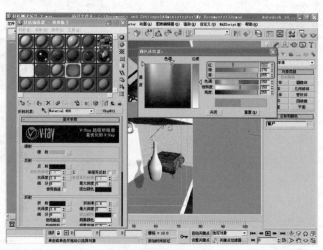

图 3-88

15 单击"材质编辑器"上的 <img_1/> 按钮回到此材质的顶层，此时设置完成的陶瓷材质如图 3-89 所示。

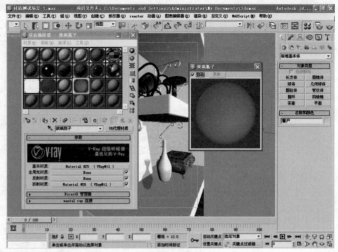

图 3-89

16 单击工具栏中的 按钮进行渲染，渲染后如图 3-90 所示。陶瓷材质在镜子中的反射呈红色，玻璃瓶子材质在镜子中并非蓝色。

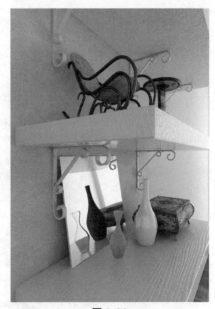

图 3-90

3.2.2 VRay 的贴图

当安装并启用 VRay 渲染器后，在材质/贴图浏览器中将新增多种 VRay 特有的贴图，本节将对这些贴图进行介绍。

1. VRayHDRI 贴图

VRayHDRI 可以对场景产生颜色、亮度的影响，还支持环境贴图方式。

这里将通过实例来学习 VRayHDRI 贴图的使用。

01 打开随书光盘中的"案例相关文件 \ chapter03 \ 贴图测试场景 \ 贴图测试场景－1 \ 贴图测试场景－1.max"文件，此时的场景是未指定 VRayHDRI 贴图的，如图 3-91 所示。

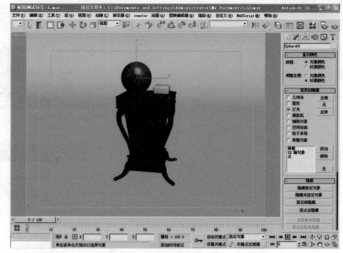

图 3-91

02 单击工具栏中的 ◎ 按钮进行渲染，渲染后如图 3-92 所示，桌上的金属球体部分呈黑色显示。

图 3-92

03 执行菜单栏上的"渲染 > 环境"命令，弹出"环境和效果"面板。在"公用参数"卷展栏上单击"环境贴图"下的 无 按钮，在弹出的"材质/贴图浏览器"中选择 VRayHDRI 贴图选项，如图 3-93 所示。

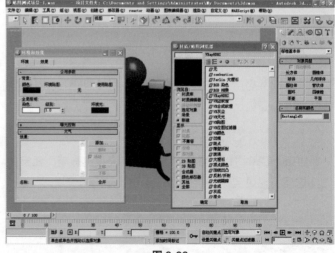

图 3-93

04 这样在环境贴图下方就添加了 VRayHDRI 贴图。接着打开材质编辑器，将环境贴图下方的 VRayHDRI 贴图拖动到空白的材质球，在弹出的"实例（副本）贴图"对话框中选择"实例"单选按钮，如图 3-94 所示。

❶ 注意

选择"实例"单选按钮后，若在"材质编辑器"中修改 VRayHDRI 贴图，则"环境和效果"面板中的 VRayHDRI 贴图也会发生相应的改变。

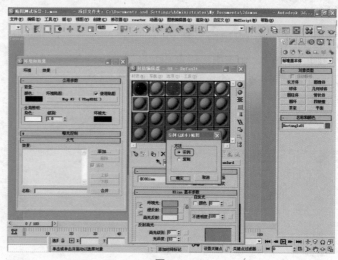

图 3-94

05 此时材质编辑器中的 VRayHDRI 贴图如图 3-95 所示。

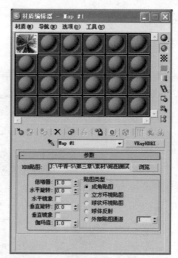

图 3-95

06 在"材质编辑器"中的贴图类型中选择球状环境贴图，接着将倍增器设置为 1.5，使 VRayHDRI 贴图的亮度增强，如图 3-96 所示。

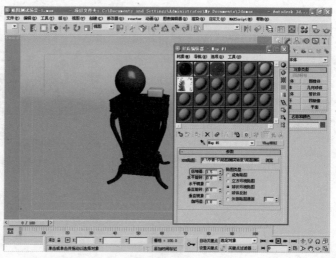

图 3-96

07 单击工具栏中的 ◎ 按钮进行渲染，渲染后如图 3-97 所示。在 VRayHDRI 贴图的影响下，在金属球体上部分反射出 VRayHDRI 贴图的纹理，场景的亮度增强。

图 3-97

2. VR 边纹理

VR 边纹理贴图可以创建线框效果。

这里将通过实例来学习 VR 边纹理贴图的使用。

01 打开随书光盘中的"案例相关文件 \ chapter03 \ 贴图测试场景 \ 贴图测试场景－2 \ 贴图测试场景－2.max"文件，如图 3-98 所示。

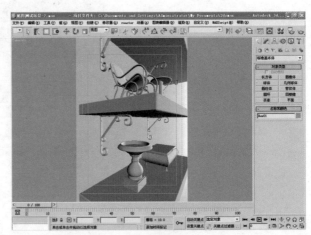

图 3-98

02 单击工具栏中的 ✿ 按钮打开材质编辑器，激活一个空白材质球。单击 Standard 按钮，在弹出的"材质/贴图浏览器"中选择 VRayMtl 材质并单击 确定 按钮，如图 3-99 所示。

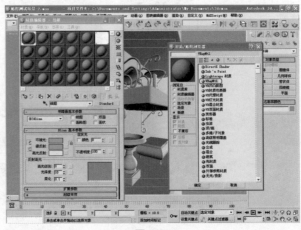

图 3-99

03 单击"漫射"后的 按钮, 在弹出的"材质/贴图浏览器"中选择"VR边纹理"贴图选项并单击 确定 按钮, 如图 3-100 所示。

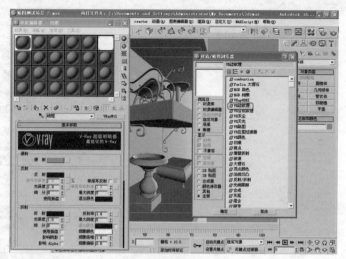

图 3-100

04 VR 边纹理贴图设置面板如图 3-101 所示。

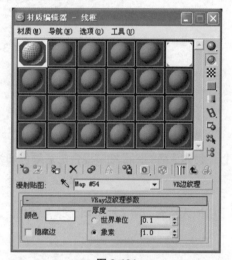

图 3-101

05 在 VR 边纹理贴图设置面板上单击"颜色"后的 按钮, 在弹出的"颜色选择器"面板中选择"红"、"绿"、"蓝"都为 0 的颜色, 如图 3-102 所示。

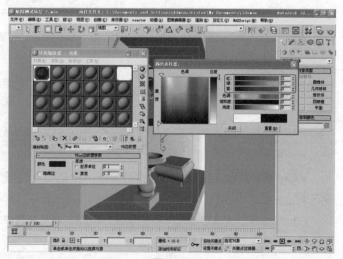

图 3-102

06 单击工具栏中的 ⬚ 按钮进行渲染，渲染后的效果如图 3-103 所示。

图 3-103

3．VR 合成纹理

VR 合成纹理贴图可以通过两个层来合成三维场景。

4．VR 灰尘

VR 灰尘贴图可以在物体表面的凹凸细节混合任意颜色和纹理，从而模拟陈旧、腐蚀的现象。

5．VR 天光

VR 天光贴图用于模拟天空光，常常和太阳光结合使用。

6．VR 贴图

当使用 3ds Max 9 的标准材质来制作反射和折射时就运用此贴图。

7．VR 位图过滤器

VR 位图过滤器贴图可以对贴图纹理进行 X 轴向和 Y 轴向的编辑。

8．VR 颜色

VR 颜色贴图可以用于设定任意颜色。

3.3　3ds Max 9 的部分材质在 VRay 中的兼容性

　　VRay 能够兼容 3ds Max 9 的部分材质，但是仍然有部分材质不被兼容，本节将对材质的兼容性进行测试。

　　3ds Max 9 的材质在 VRay 中的兼容性很高，本节将对 3ds Max 9 的自带材质进行测试，观察 3ds Max 9 的材质是否完全兼容于 VRay。

01 打开随书光盘中的"案例相关文件 \ chapter03 \ 场景文件 \ 材质兼容性测试.max"文件，确认当前渲染器为VRay，如图 3-104 所示。

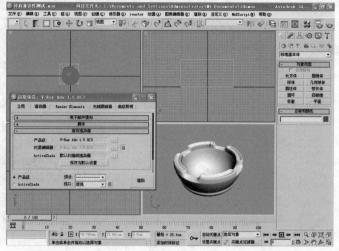

图 3-104

02 给场景中的烟灰缸赋予 VRayMtl 材质，单击工具栏中的 按钮进行渲染，可见它完全兼容于 VRay 渲染器，如图 3-105 所示。

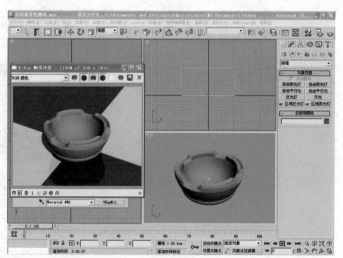

图 3-105

03 给场景中的烟灰缸赋予 Ink'n Paint 材质，单击工具栏中的 按钮进行渲染。此材质能够用 VRay 进行渲染，但是它的参数无效，如图 3-106 所示。

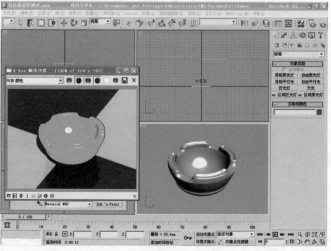

图 3-106

04 给场景中的烟灰缸赋予 DirectX Shader 材质，单击工具栏中的 ⊙ 按钮进行渲染。此材质能完全兼容于 VRay 渲染器，如图 3-107 所示。

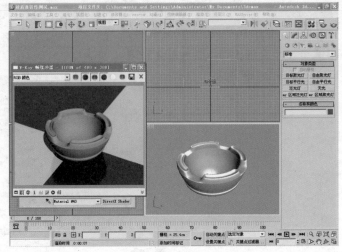

图 3-107

05 给场景中的烟灰缸赋予 Lights-cape 材质，单击工具栏中的 ⊙ 按钮进行渲染。此材质能够用 VRay 进行渲染，但是它的参数无效，如图 3-108 所示。

图 3-108

06 给场景中的烟灰缸赋予变形器材质，单击工具栏中的 ⊙ 按钮进行渲染。此材质能完全兼容于 VRay 渲染器，如图 3-109 所示。

图 3-109

07 给场景中的烟灰缸赋予标准材质，单击工具栏中的 ◎ 按钮进行渲染。此材质能完全兼容于 VRay 渲染器，如图 3-110 所示。

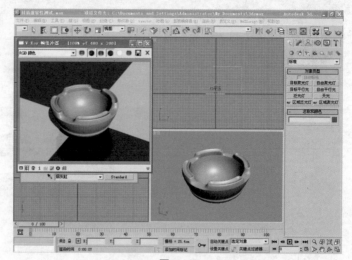

图 3-110

08 给场景中的烟灰缸赋予虫漆材质，单击工具栏中的 ◎ 按钮进行渲染。此材质能完全兼容于 VRay 渲染器，如图 3-111 所示。

图 3-111

09 给场景中的烟灰缸赋予顶/底材质，单击工具栏中的 ◎ 按钮进行渲染。此材质能完全兼容于 VRay 渲染器，如图 3-112 所示。

图 3-112

10 给场景中的烟灰缸赋予多维/子对象材质，单击工具栏中的 🔘 按钮进行渲染。此材质能完全兼容于 VRay 渲染器，如图 3-113 所示。

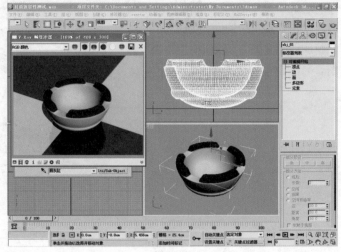

图 3-113

11 给场景中的烟灰缸赋予高级照明覆盖材质，单击工具栏中的 🔘 按钮进行渲染。此材质能够用 VRay 进行渲染，但是它的参数无效，如图 3-114 所示。

图 3-114

12 给场景中的烟灰缸赋予光线跟踪材质，单击工具栏中的 🔘 按钮进行渲染。此材质与 VRay 不兼容，"V-Ray 讯息"窗口出现警告，如图 3-115 所示。

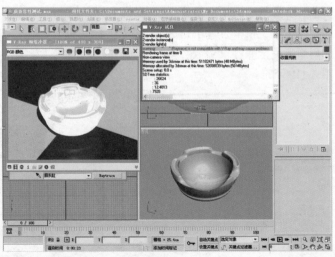

图 3-115

13 给场景中的烟灰缸赋予合成材质，单击工具栏中的 按钮进行渲染。此材质能完全兼容于 VRay 渲染器，如图 3-116 所示。

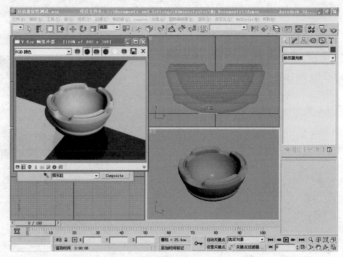

图 3-116

14 给场景中的烟灰缸赋予混合材质，单击工具栏中的 按钮进行渲染。此材质能完全兼容于 VRay 渲染器，如图 3-117 所示。

图 3-117

15 给场景中的烟灰缸赋予建筑材质，单击工具栏中的 按钮进行渲染。此材质与 VRay 不兼容，"V-Ray 讯息"窗口出现警告，如图 3-118 所示。

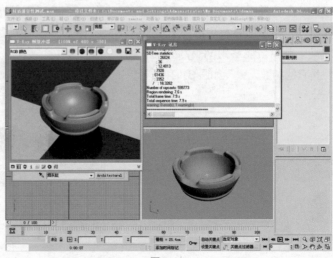

图 3-118

16 给场景中的烟灰缸赋予壳材质，单击工具栏中的 ◎ 按钮进行渲染。此材质能完全兼容于 VRay 渲染器，如图 3-119 所示。

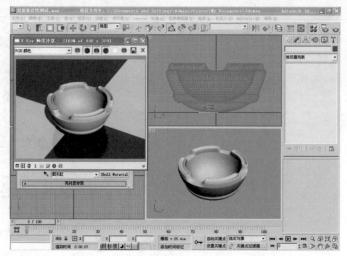

图 3-119

17 给场景中的烟灰缸赋予双面材质，单击工具栏中的 ◎ 按钮进行渲染。此材质能完全兼容于 VRay 渲染器，如图 3-120 所示。

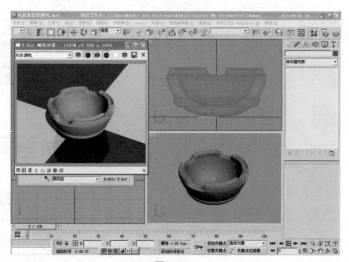

图 3-120

18 给场景中的烟灰缸赋予外部参照材质，单击工具栏中的 ◎ 按钮进行渲染。此材质能够用 VRay 进行渲染，但是它的参数无效，如图 3-121 所示。

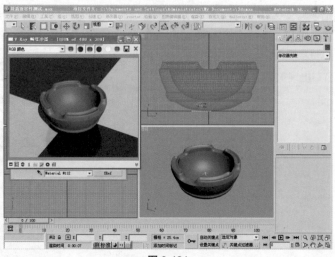

图 3-121

19 给场景中的烟灰缸赋予无光/投影材质，单击工具栏中的 ⚪ 按钮进行渲染。此材质能够用 VRay 进行渲染，如图 3-122 所示。

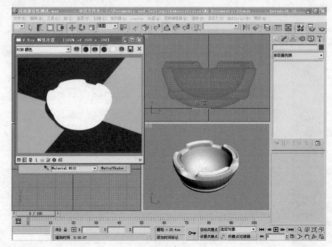

图 3-122

3ds Max 9 的贴图除了光线跟踪、反射/折射贴图不兼容于 VRay 渲染器外，其他贴图都兼容。

01 打开随书光盘中的"案例相关文件 \ chapter03 \ 场景文件 \ 材质兼容性测试.max"文件，确认当前渲染器为扫描线渲染器，如图 3-123 所示。

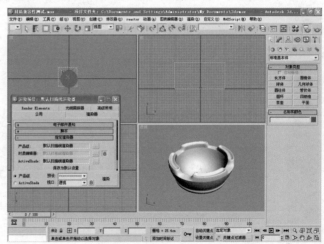

图 3-123

02 给场景中的烟灰缸赋予 VRaymtl 材质，单击工具栏中的 ⚪ 按钮进行渲染。此材质不能正常显示，如图 3-124 所示。

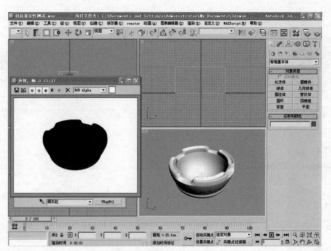

图 3-124

读书笔记

Chapter 4

灯光部分

　　3ds Max 9 和 VRay 都有它们独立的灯光系统，本章将分别对它们进行学习。3ds Max 9 的灯光系统分为标准灯光和光度学灯光两大类，标准灯光包含 8 种光源，光度学灯光包含 10 种光源。VRay 的灯光系统包含了 VR 灯光和 VR 阳光两种灯光。

4.1　3ds Max 9 的灯光系统

3ds Max 9 的灯光分为标准灯光和光度学灯光两类，本节将学习这两类光源中经常使用的灯光类型。

4.1.1　标准灯光

灯光是模拟实际灯光（例如家庭或办公室的灯、舞台和电影工作中的照明设备及太阳光）的对象。不同种类的灯光对象用不同的方法投射灯光，模拟真实世界中不同种类的光源。3ds Max 提供两种类型的灯光：标准灯光和光度学灯光。

标准灯光是基于计算机的模拟灯光对象，如家用或办公室灯、舞台和电影工作时使用的灯光设备和太阳光本身。不同种类的灯光对象可用不同的方法投射灯光，模拟不同种类的光源。与光度学灯光不同，标准灯光不具有基于物理的强度值。标准灯光的创建命令面板如图 4-1 所示，总共有 8 种类型的灯光。这里将学习最常用的 3 种灯光：目标聚光灯、目标平行光和泛光灯。

图 4-1

1. 目标聚光灯

聚光灯像闪光灯一样投射聚焦的光束，目标聚光灯使用目标对象指向摄影机。

01 打开随书光盘中的"案例相关文件 \ chapter04 \ 场景文件 \ 3ds max 灯光类型 \ 灯光类型 .max"文件，在场景中创建光源，如图 4-2 所示。

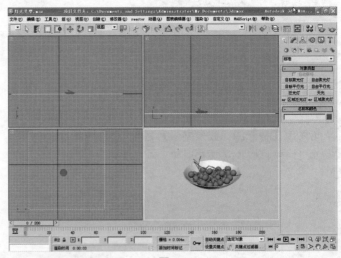

图 4-2

02 单击标准灯光创建命令面板中的 **目标聚光灯** 按钮，在场景中创建一盏目标聚光灯。在视图中选择目标聚光灯的灯头并单击 按钮进入修改命令面板，展开"强度/颜色/衰减"卷展栏，将"倍增"数值设置为1。展开"聚光灯参数"卷展栏，将"聚光区/光束"设置为43，"衰减区/区域"数值设置为45，如图4-3所示。

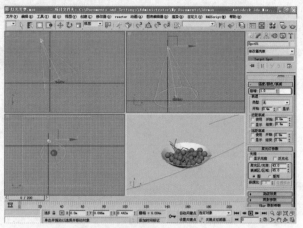

图 4-3

03 单击工具栏中的 按钮进行渲染，效果如图4-4所示，场景中有了光源。聚光灯的光线是始终指向其目标的，但是可以选择并移动目标点及灯光自身。

图 4-4

04 展开"强度/颜色/衰减"卷展栏，单击"倍增"后的 按钮，在弹出的"颜色选择器"面板中选择"红"为255、"绿"为245、"蓝"为217的颜色作为灯光颜色，如图4-5所示。

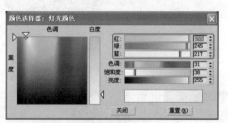

图 4-5

05 在"常规参数"卷展栏的"阴影"选项组中选择"启用"复选框，使灯光投射阴影，如图4-6所示。

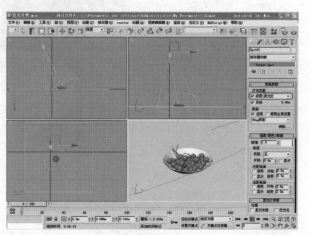

图 4-6

06 单击工具栏中的 ⊙ 按钮进行渲染，效果如图 4-7 所示，场景中的光源颜色变为黄色。

图 4-7

07 接着将灯光颜色设置为"红"、"绿"、"蓝"都为 255 的颜色，展开"聚光灯参数"卷展栏，将"聚光区/光束"设置为 22.3，"衰减区/区域"数值设置为 24.3，如图 4-8 所示。

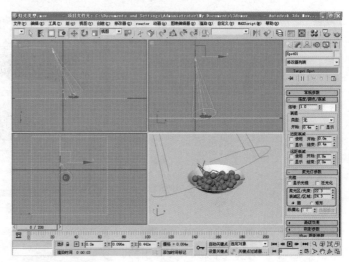

图 4-8

08 单击工具栏中的 ⊙ 按钮进行渲染，效果如图 4-9 所示，场景中的光源范围变小。

图 4-9

2. 目标平行光

太阳在地球表面上投射时，所有平行光都是以一个方向投射光线的。平行光主要用于模拟太阳光，可以调整灯光的颜色和位置并在 3D 空间中旋转灯光。

01 单击标准灯光创建命令面板中的 **目标平行光** 按钮，在场景中创建一盏目标平行光，如图 4-10 所示。

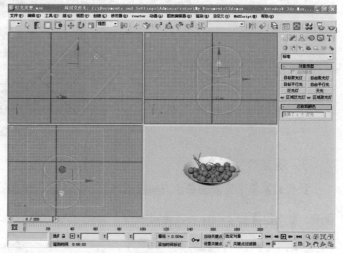

图 4-10

02 单击工具栏中的 ◎ 按钮进行渲染，效果如图 4-11 所示。

图 4-11

03 展开"强度/颜色/衰减"卷展栏，将"倍增"数值设置为 1。展开"平行光参数"卷展栏，将"聚光区/光束"和"衰减区/区域"的数值减小，如图 4-12 所示。

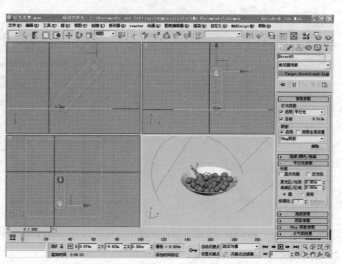

图 4-12

04 单击工具栏中的 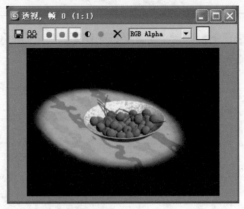 按钮进行渲染，效果如图4-13所示，场景中的光源范围随之发生变化。

图 4-13

3. 泛光灯

泛光灯从单个光源向各个方向投射光线，用于进行辅助照明或模拟点光源。

01 单击标准灯光创建命令面板中的 泛光灯 按钮，在场景中创建一盏泛光灯，在视图中选择泛光灯并进入修改命令面板，设置泛光灯的参数，如图4-14所示。

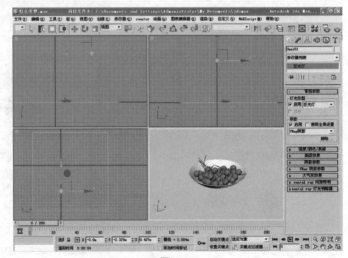

图 4-14

02 单击工具栏中的  按钮进行渲染，效果如图4-15所示，场景中各处都被照亮。

图 4-15

灯光部分

4.1.2 光度学灯光

光度学灯光使用光度学（光能）值，可以更精确地定义灯光，就像在真实世界一样。可以设置其分布、强度、色温和其他真实世界中灯光的特性。也可以导入照明制造商的特定光度学文件以便设计基于商用灯光的照明。光度学灯光的创建命令面板如图 4-16 所示。

图 4-16

1. 目标点光源

目标点光源像标准的泛光灯一样从几何体点发射光线。可以设置灯光分布，此灯光有 3 种类型的分布方式，并对应相应的图标。

01 单击光度学灯光创建命令面板中的 **目标点光源** 按钮，在场景中创建一盏目标点光源，在视图中选择目标点光源并进入修改命令面板，设置目标点光源的参数，如图 4-17 所示。

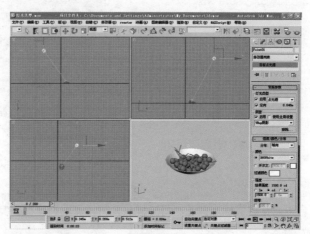

图 4-17

02 单击工具栏中的 按钮进行渲染，效果如图 4-18 所示，光线沿着目标方向照亮了场景。

图 4-18

03 此灯光有 3 种类型的分布，在修改命令面板的"分布"下拉列表框中选择 Web 选项，将增加"Web 参数"卷展栏。单击"Web 文件"后的 ＜无＞ 按钮，在弹出的对话框中选择"案例相关文件\chapter04\场景文件\3ds max 灯光类型\筒灯.ies"文件，如图 4-19 所示。

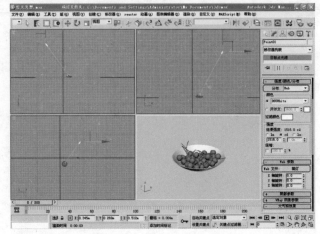

图 4-19

04 接着在"强度/颜色/衰减"卷展栏中，将"强度"数值设置为 1000cd，单击工具栏中的 ◎ 按钮进行渲染，效果如图 4-20 所示，场景亮度减弱。

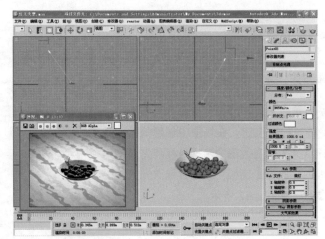

图 4-20

2. 自由点光源

自由点光源像标准的泛光灯一样从几何体点发射光线，其他参数和目标点光源大致相同。

单击光度学灯光创建命令面板中的 自由点光源 按钮，在场景中创建一盏自由点光源，在修改命令面板中修改其参数。单击工具栏中的 ◎ 按钮进行渲染，效果如图 4-21 所示。

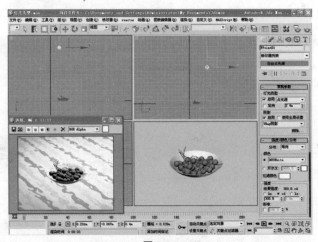

图 4-21

3. 目标线光源

目标线光源从直线发射光线，像荧光灯管一样。可以设置灯光分布，此灯光有两种类型的分布，并具有相应的图标。

01 单击光度学灯光创建命令面板中的 目标线光源 按钮，在场景中创建一盏目标线光源，在修改命令面板中设置其参数，如图 4-22 所示。

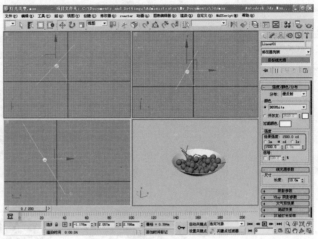

图 4-22

02 在"线光源参数"卷展栏中将长度设置为 5，线光源的长度将变短。接着在"强度/颜色/衰减"卷展栏中，将"强度"数值设置为 12000cd，如图 4-23 所示。

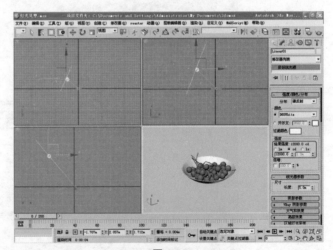

图 4-23

03 单击工具栏中的 按钮进行渲染，效果如图 4-24 所示。虽然将光源的强度设置得很高，但是场景亮度仍然不理想。

图 4-24

4. 目标面光源

目标面光源像天光一样从矩形区域发射光线。可以设置灯光分布，此灯光有两种类型的分布，并具有相应的图标。

01 单击光度学灯光创建命令面板中的 目标面光源 按钮，在场景中创建一盏目标面光源，在修改命令面板中设置其参数，如图 4-25 所示。

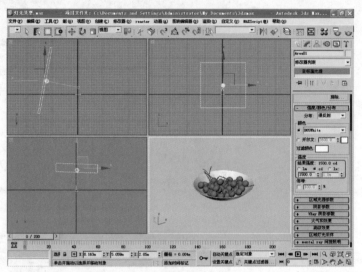

图 4-25

02 单击工具栏中的 按钮进行渲染，效果如图 4-26 所示。

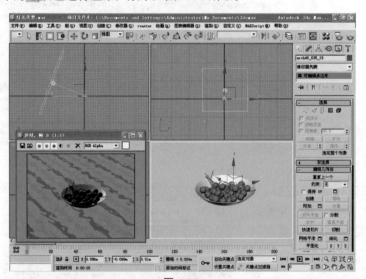

图 4-26

4.2 VRay 的灯光系统

VRay 的灯光系统包含了 VR 灯光和 VR 阳光两种灯光，下面将分别对它们进行学习。在灯光创建命令面板的下拉列表框中选择 VRay 选项，将出现 VRay 灯光的创建命令面板。

4.2.1　VR 灯光

VR 灯光包含了平面、穹顶和球体
3 种类型的灯光，在默认情况下它是以
平面的状态显示的，如图 4-27 所示。

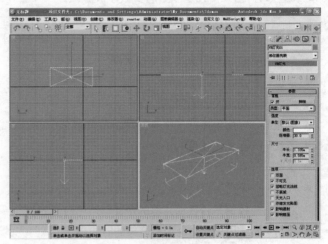

图 4-27

当在"类型"下拉列表框中选择
"穹顶"选项时，灯光形状将发生改变，
呈半球体，如图 4-28 所示。

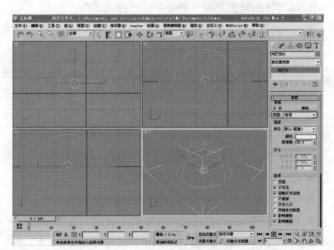

图 4-28

当在"类型"下拉列表框中选择
"球体"选项时，灯光形状将发生改变，
呈球体，如图 4-29 所示。

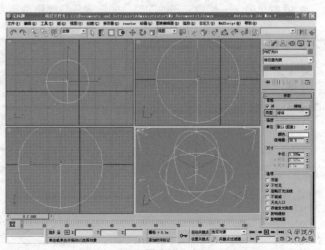

图 4-29

VR 灯光的参数控制面板如图 4-30 所示，只有在"类型"下拉列表框中选择"穹顶"选项时，穹顶灯光选项组的参数才被激活。

- 开——灯光的开关。选择此复选框后，灯光才被开启。
- 排除——可以将场景中的对象排除到灯光的影响范围外。
- 类型——有 3 种灯光类型可以选择。
- 单位——VRay 的默认单位，以灯光的亮度和颜色来控制灯光的光照强度。
- 颜色——光源发光的颜色。
- 倍增器——用于控制光照的强弱。
- 半长——面光源长度的一半。
- 半宽——面光源宽度的一半。
- 尺寸——面光源的尺寸。
- 双面——控制是否在面光源的两面都产生灯光效果。
- 不可见——用于控制是否在渲染的时候显示 VR 灯光的形状。
- 忽略灯光法线——选择此复选框后，场景中的光线将按灯光法线分布。取消选择此复选框时，场景中的光线将均匀分布。
- 不衰减——选择此复选框，灯光强度将不随距离而减弱。
- 天光入口——选择此复选框，将把 VR 灯光转换为天光。
- 存储发光贴图——选择此复选框，同时将 GI 指定的发光贴图和 VR 灯光的光照信息保存。在渲染光子时会很慢，但最后可直接调用发光贴图，减少渲染时间。

图 4-30

- 影响漫射——控制灯光是否影响材质属性的漫射。
- 影响镜面——控制灯光是否影响材质属性的高光。
- 细分——控制 VR 灯光的采样细分。
- 阴影偏移——控制物体与阴影的偏移距离。
- 使用纹理——可以设置 HDRI 贴图纹理作为穹顶灯的光源。
- 分辨率——用来控制 HDRI 贴图纹理的清晰度。
- 目标半径——使用光子贴图时，确定光子从哪里开始发射。
- 发射半径——使用光子贴图时，确定光子从哪里结束发射。

01 打开随书光盘中的"案例相关文件 \ chapter04 \ 场景文件 \ VRay 灯光类型 \ 现代书房－Vraylight.max"文件，如图 4-31 所示。

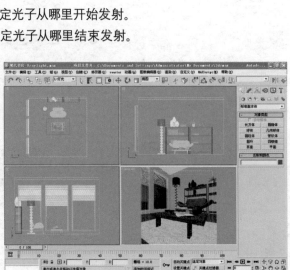

图 4-31

02 单击 VRay 灯光创建命令面板中的 VR灯光 按钮，在顶视图中创建一盏面光源，如图 4-32 所示。

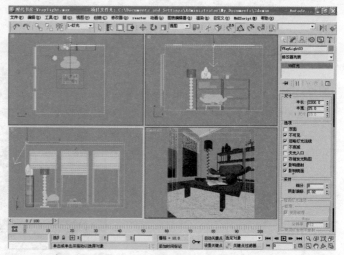

图 4-32

03 在视图中选择面光源并单击 按钮，在修改命令面板中将"尺寸"选项组中的"半长"设置为 2200，"半宽"设置为 25。此时面光源的长和宽将发生变化，如图 4-33 所示。

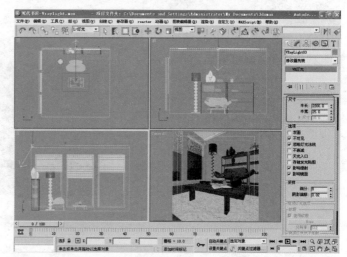

图 4-33

04 想使灯槽的颜色偏暖，可以修改其颜色。单击"颜色"后的 按钮，在弹出的"颜色选择器"面板中选择"红"为 255、"绿"为 240、"蓝"为 205 的颜色，如图 4-34 所示。

图 4-34

05 单击工具栏中的 按钮，对场景进行渲染，如图 4-35 所示，可见灯槽的强度太高。

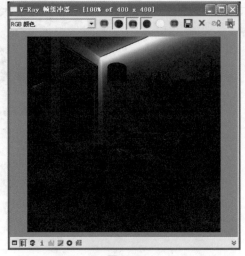

图 4-35

06 在修改命令面板中将"倍增器"的数值设置为 8，再次进行渲染，灯槽的光线将变弱，如图 4-36 所示。

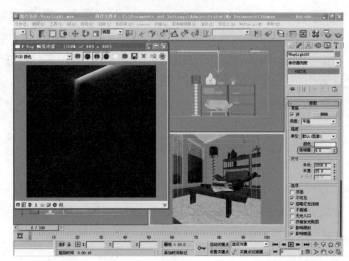

图 4-36

07 单击 VRay 灯光创建命令面板中的 VR灯光 按钮，在左视图中创建一盏面光源，如图 4-37 所示。

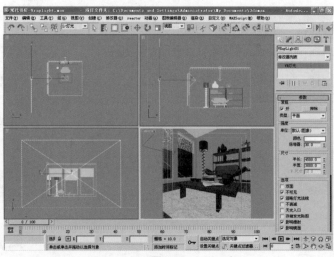

图 4-37

08 选择面光源并单击 ✎ 按钮，在修改命令面板中将"倍增器"的数值设置为3，单击工具栏中的 ⬤ 按钮进行渲染。效果如图4-38所示，可见场景明显偏暗。

图 4-38

09 在修改命令面板中将"倍增器"的数值设置为8，再次单击工具栏中的 ⬤ 按钮进行渲染。效果如图4-39所示，此时场景的亮度比较合适，但是窗户外景仍然偏暗。

图 4-39

10 单击 VRay 灯光创建命令面板中的 VRay灯光 按钮，在顶视图中创建一盏面光源，如图4-40所示。

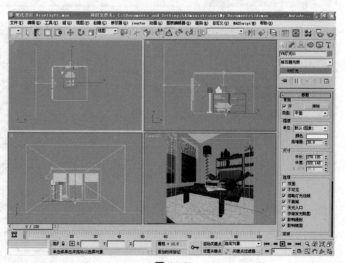

图 4-40

11 选择面光源并单击 ✎ 按钮，在修改命令面板中的"类型"下拉列表框中选择"穹顶"类型，视图中的面光源形状将发生变化，如图4-41所示。

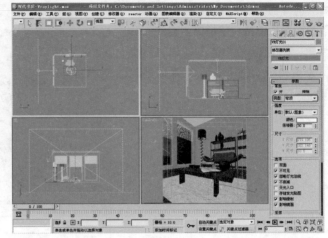

图4-41

12 在修改命令面板中将"倍增器"数值设置为2，单击工具栏中的 ✿ 按钮进行渲染。效果如图4-42所示，窗户外景也被照亮了。

图4-42

4.2.2　VR阳光

01 单击VRay灯光创建命令面板中的 VR阳光 按钮，在前视图中创建一盏太阳光源，如图4-43所示。在太阳光创建完成后，将弹出"VR阳光"对话框，询问是否添加VR天光环境贴图，在对话框中单击 是(Y) 按钮创建VR天光贴图。

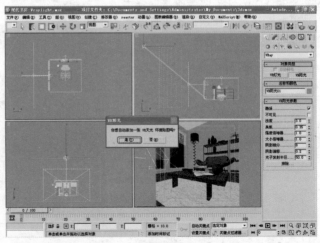

图4-43

02 创建 VR 天光贴图后，执行菜单栏中的"渲染 > 环境"命令，在弹出的"环境和效果"面板中可见"环境贴图"下方添加了"VR 天光"贴图，如图 4-44 所示。

03 为了更清楚地观察太阳光的效果，暂时不使用"VR 天光"贴图。在弹出的"环境和效果"面板中取消选择"使用贴图"复选框，如图 4-45 所示。

图 4-44

图 4-45

04 在视图中选择太阳光并单击按钮进入修改命令面板，将出现如图 4-46 所示的"VR 阳光参数"卷展栏。

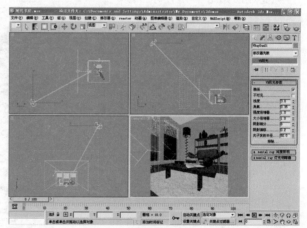

图 4-46

05 采用 VR 阳光的默认参数，单击工具栏中的按钮进行渲染。在渲染尚未完成时就可以确认场景光线明显太强，如图 4-47 所示。

图 4-47

06 在"VR 阳光参数"卷展栏中将"强度倍增器"数值设置为 0.5，单击工具栏中的  按钮进行渲染。这次太阳光的强度仍然很强，如图 4-48 所示。

图 4-48

07 再次将"强度倍增器"数值设置为 0.35，单击工具栏中的  按钮进行渲染。渲染完成后如图 4-49 所示，场景光线还是很强。

图 4-49

08 将"强度倍增器"数值设置为 0.03，单击工具栏中的  按钮进行渲染。渲染完成后如图 4-50 所示，这次阳光强度比较合适。

图 4-50

09 接着在"VR 阳光参数"卷展栏中将"浊度"数值设置为 6,单击工具栏中的 ◎ 按钮进行渲染,渲染完成后效果如图 4-51 所示。

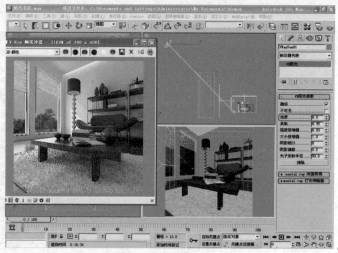

图 4-51

10 执行菜单栏中的"渲染 > 环境"命令,弹出"环境和效果"对话框。接着单击 ✖ 按钮打开材质编辑器。将"环境贴图"下方的"VR 天光"拖动到空白材质球上,在弹出的"实例(副本)贴图"对话框中选择"实例"单选按钮,如图 4-52 所示。

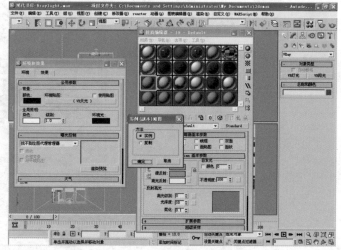

图 4-52

11 在弹出的"环境和效果"对话框中选择"使用贴图"复选框,这样才能启用 VR 天光贴图。接着在材质编辑器中选择"手动阳光节点"复选框,单击"阳光节点"后的 None 按钮,然后在视图中拾取开始创建的太阳光,使 VR 天光贴图和太阳光相关联,如图 4-53 所示。

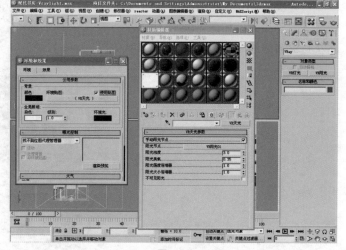

图 4-53

12 使用 VR 天光贴图的默认参数，单击工具栏中的  按钮进行渲染。渲染效果如图 4-54 所示，可见使用了 VR 天光贴图后，场景亮度增加。

图 4-54

13 在"材质编辑器"中修改 VR 天光贴图的参数，如图 4-55 所示。

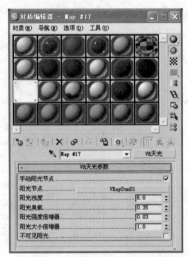

图 4-55

14 再次单击工具栏中的 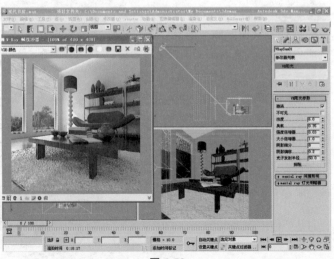 按钮进行渲染，渲染效果如图 4-56 所示，场景亮度略微降低，得到合适的光线。

图 4-56

读书笔记

PART 2

第二篇 渲染原理篇

渲染将颜色、阴影和照明效果等加入到几何体中，使用渲染器可以创建渲染并将其结果保存到文件。第 5 章针对 3ds Max 9 的默认渲染器（扫描线渲染器和 mental ray 渲染器）和 VRay 渲染器的特点进行对比。第 6 章对常用的多个卷展栏的参数设置进行学习。通过本篇的学习希望读者能够熟悉 3ds Max 9 的默认渲染器和 VRay 渲染器控制面板的基本结构，重点了解 VRay 渲染控制面板的参数意义。

5. 自带渲染器和 VRay 渲染器简介

6. VRay 渲染设置

Chapter 5

自带渲染器和
VRay 渲染器简介

　　若要在 3ds Max 中以二维图像或影片的形式查看工作的最终结果，
则需要渲染场景。本章将对 3ds Max 的自带渲染器和 VRay 渲染器进
行介绍。

5.1 3ds Max 9 自带渲染器

与之前的版本一样，3ds Max 9 自带的渲染器有两种，分别为默认扫描线渲染器和 mental ray 渲染器。

5.1.1 扫描线渲染器

默认扫描线渲染器是软件默认使用的渲染器。若要在 3ds Max 中以二维图像或影片的形式查看工作的最终结果，则需要渲染场景。默认情况下，在渲染时，软件使用默认扫描线渲染器生成特定分辨率的静态图像，并显示在屏幕上一个单独的窗口中。如图 5-1 所示为使用默认扫描线渲染器进行渲染的结果。

图 5-1

扫描线渲染器是默认的渲染器，默认情况下，通过"渲染场景"对话框或 Video Post 渲染场景时，可以使用扫描线渲染器。这种渲染器的速度很快但是效果不太理想，与现实相差得比较多。在这种渲染方式下，光线将不会被物体反射，因此不像在真实世界中那样通过一盏灯即可照亮一个场景。在用此方法进行渲染时，常常需要运用几十盏或上百盏灯来模拟真实光线。

默认情况下，在"渲染场景"对话框的"指定渲染器"卷展栏中选择"默认扫描线渲染器"进行渲染，如图 5-2 所示。

-	指定渲染器		
产品级:	默认扫描线渲染器	...	
材质编辑器:	默认扫描线渲染器	...	🔒
ActiveShade:	默认扫描线渲染器	...	
	保存为默认设置		

图 5-2

扫描线渲染器生成的图像显示在渲染帧窗口，该窗口是一个包含自身控件的独立窗口，如图 5-3 所示。

图 5-3

顾名思义，扫描线渲染器可以将场景渲染成一系列的水平线，它在渲染时，以线性方式进行渲染，如图 5-4 所示。

图 5-4

5.1.2 mental ray 渲染器

mental ray 渲染器是 Mental Images 出品的一个多用途渲染器，它可以模拟出非常真实的光照效果，还可以生成灯光效果的物理校正模拟，包括光线跟踪反射和折射、焦散和全局照明。与 3ds Max 默认的扫描线渲染器相比，它不需要我们通过手工设置参数或应用光能传递来模拟复杂的灯光效果，而且针对多处理器和动画渲染进行了优化。

如图 5-5 所示为使用 mental ray 渲染器进行渲染的结果。

当在"渲染场景"对话框中的"指定渲染器"卷展栏中选择"mental ray 渲染器"时，可以使用 mental ray 进行渲染，如图 5-6 所示。

图 5-5 · · · · · · · · · · · · · · · · · · 图 5-6

mental ray 渲染器进行渲染时用被称作渲染块的矩形块方式进行渲染，如图 5-7 所示。渲染块顺序可能会改变，具体情况取决于所选择的方法。默认情况下，mental ray 使用"希尔伯特"方法，该方法根据切换到下一个渲染块的时间来选择下一个渲染块进行渲染，如图 5-8 所示。

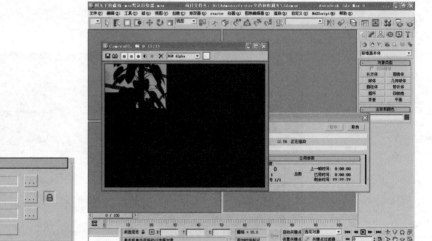

图 5-7 · · · · · · · · · · · · · · · · · · 图 5-8

当使用 mental ray 渲染器为渲染设置场景时，需要注意以下几点。

● 使用 mental ray 渲染器渲染阴影贴图时，无法将一个对象排除在阴影投射之外。要将对象排除在阴影投射之外，请使用光线跟踪阴影（"排除"按钮位于灯光"常规参数"卷展栏中）。

● 当在灯光"阴影参数"卷展栏中指定贴图到对象阴影上时，mental ray 渲染器不会识别贴图的切换（"贴图"按钮左侧），而且无论启用还是禁用切换都会渲染贴图。要停止使用贴图，必须单击"贴图"按钮，然后在"材质/贴图浏览器"中选择"无"选项作为贴图类型。

● mental ray 渲染器不考虑"阴影贴图参数"卷展栏中的偏移参数。

● mental ray 渲染器假定所有的平行光都来自于无穷远，所以 3ds Max 场景中在平行光对象后面的对象也会被照明。

5.2 VRay 渲染器

　　VRay 渲染器是 Chaos Group 公司新开发的产品，主要用于渲染一些特殊效果，比如次表面散射、光线追踪、散焦和全局照明等。它是结合了光线跟踪和光能传递的渲染器，其真实的光线计算能创建专业的照明效果。可用于建筑设计、灯光设计和展示设计等多个领域。其特点是渲染速度快、控制参数简单易学，而且完全内嵌于 3ds Max 中。

　　当在"渲染场景"对话框中的"指定渲染器"卷展栏中选择 VRay 渲染器后，即可以使用 VRay 渲染器进行渲染，如图 5-9 所示。

　　VRay 渲染器生成的图像显示在渲染帧窗口，也可以在 VRay 特有的渲染窗口中进行渲染，如图 5-10 所示。

图 5-9　　　　　　　　　　　　　　　　　图 5-10

　　VRay 渲染器进行渲染时由被称作渲染块的矩形块方式进行渲染，如图 5-11 所示。

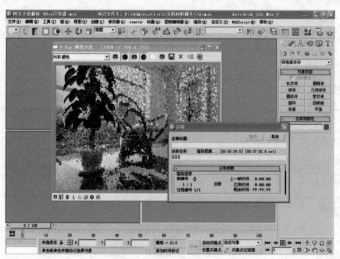

图 5-11

读书笔记

Chapter 6

VRay 渲染设置

　　VRay 渲染器的大量控制参数都集中在渲染器面板中，本章将对常用的多个卷展栏的参数设置进行学习。通过本章的学习希望读者能够熟悉 VRay 渲染控制面板的基本结构，了解 VRay 渲染控制面板的参数意义，以熟练掌握 VRay 渲染器的使用。

6.1　帧缓冲区卷展栏

帧缓冲区卷展栏用于控制是否使用 VRay 的内置缓存和设置渲染图片的尺寸，与 3ds Max 公用参数卷展栏的作用类似。本节将学习帧缓冲区卷展栏中的各项参数。

帧缓冲区卷展栏可以控制是否使用 VRay 的内置缓存，渲染尺寸设置、渲染框设置和渲染图片水印设置等，如图 6-1 所示。

图 6-1

- 启用内置帧缓冲区——选择此复选框后，在渲染图片时将用 VRay 的渲染帧窗口替换 3ds Max 9 默认的渲染帧窗口。

  当选择"启用内置帧缓冲区"复选框时，将使用 VRay 的渲染帧窗口，如图 6-2 所示。

  若取消选择"启用内置帧缓冲区"复选框，则将使用 3ds Max 9 默认的渲染帧窗口，如图 6-3 所示。

图 6-2

图 6-3

- 渲染到内存帧缓冲区——在默认情况下是选择状态，渲染时将创建 VRay 帧缓存。若取消选择此复选框，则渲染数据将不保存到内存，但是 VRay 渲染帧窗口不会出现。
- 显示最后的 VFB——单击此按钮可以显示上次渲染的图形。
- 从 MAX 获取分辨率——选择此复选框，渲染时将使用 3ds Max 自带的输出设置，如图 6-4 所示。如果取消选择此复选框，渲染时将使用 VRay 帧缓存中的渲染尺寸，如图 6-5 所示。

图 6-4

图 6-5

- 渲染到 V-Ray 原（raw）图像文件——它是保存 VRay 渲染图像的文件开关。如果需要保存渲染图像的资料，就要选择"渲染到 V-Ray 原（raw）图像文件"复选框，接着单击 浏览... 按钮指定保存路径。当保存路径并渲染后，可以执行"文件 > 查看图像文件"命令对保存的渲染文件进行查看。
- 产生预览——选择此复选框，渲染后将在渲染帧窗口生成渲染预览图像。
- 保存单独的 G 缓冲区通道——选择此复选框允许在的 G 缓存中指定特殊通道并作为单独的文件保存。
- 保存 RGB 和 Alpha 通道——选择此复选框将保存 RGB 和 Alpha 通道。

6.2　全局开关卷展栏

本节将学习全局设置开关卷展栏中的各项参数，此卷展栏中的参数可以控制 VRay 渲染器的全局设置。

全局设置开关卷展栏主要对场景中的灯光、材质反射/折射和置换开关等进行总体控制，如图 6-6 所示。

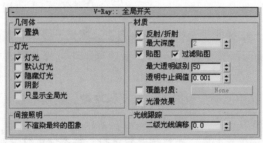

图 6-6

- 置换——是置换贴图的开关。此复选框默认为选择状态，将渲染场景中的置换设置。图 6-7 中的地毯就是添加了置换贴图的效果。当取消选择此复选框时，使用了置换贴图的地毯只显示基本纹理贴图，而没有产生绒毛，如图 6-8 所示。

图 6-7

图 6-8

- 灯光——控制是否使用灯光，如果取消选择此复选框，场景中的灯光将不起作用。
- 默认灯光——控制场景是否使用 3ds Max 系统中的默认灯光，通常不选择此复选框。

- 隐藏灯光——控制场景是否使用隐藏的灯光。
- 阴影——控制场景是否产生阴影。不选择此复选框时，场景中的物体将不产生投影，如图 6-9 所示。
- 只显示全局光——控制是否只显示全局光照的效果。当选择此复选框后，效果如图 6-10 所示，只显示了全局光照效果。

图 6-9

图 6-10

- 不渲染最终的图像——选择此复选框，VRay 将在计算光子后，不渲染最终图像。
- 反射/折射——控制是否计算材质的反射/折射效果。不选择此复选框将不计算材质的反射/折射，如图 6-11 所示。
- 最大深度——控制场景中反射、折射的最大反弹次数。材质的最大深度可在材质面板中设置，但选择此复选框后，将在此处进行控制。
- 贴图——控制是否使用纹理贴图。不选择此复选框，将不使用纹理贴图，如图 6-12 所示。

图 6-11

图 6-12

- 过滤贴图——控制是否使用纹理贴图过滤。选择此复选框后，材质将显得更加平滑。
- 最大透明级别——控制透明材质被光线追踪的最大深度。
- 透明中止阀值——控制对透明材质的追踪何时终止。
- 覆盖材质——控制是否使用覆盖材质。选择此复选框，将不渲染场景中的任何材质，而渲染手动指定的材质替换场景材质。

01 选择"覆盖材质"复选框，单击 None 按钮，在弹出的"材质/贴图浏览器"中选择"VRayMtl"选项，如图6-13所示。

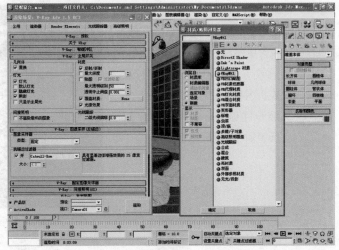

图6-13

02 接着打开材质编辑器，将"覆盖材质"拖动到空白的材质球中。在弹出的"实例（副本）材质"对话框中选择"实例"单选按钮，如图6-14所示。

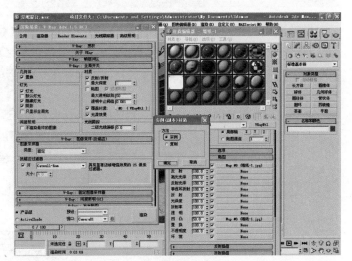

图6-14

03 单击"漫射"后面的 按钮，在打开的"材质编辑器"中选择如图6-15所示的颜色作为材质固有色。

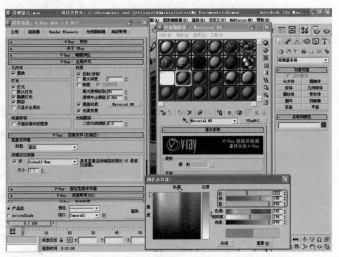

图6-15

04 本场景主要依靠窗户处进光,新的覆盖材质完全不透明,光线不能穿透,因此渲染后场景漆黑,如图 6-16 所示。

- 光滑效果——控制是否打开反射或折射模糊。
- 二级光线偏移——设置发生二次反弹时的偏移距离。

图 6-16

6.3 图像采样(反锯齿)卷展栏

图像采样是指采样和过滤的一种算法,其产生最终的像素组来完成图像的渲染。图像采样(反锯齿)卷展栏中提供了多种不同的采样算法,本节将对这些采样算法进行学习。

在图像采样(反锯齿)卷展栏中可以通过图像采样器和抗锯齿过滤器的设置来控制渲染图像的最终品质,如图 6-17 所示。

- 类型——图像采样器有固定、自适应准蒙特卡罗和自适应细分 3 种类型。

固定采样器——计算时对每个像素使用一个固定数量的样本。适合场景中拥有大量模糊效果的时候使用。选择图像采样器,将在渲染器面板中出现"固定图像采样器"卷展栏,如图 6-18 所示。

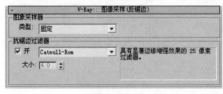

图 6-17

图 6-18

- ◆ 细分——此数值可以确定每一个像素使用的样本数量。

自适应准蒙特卡罗采样器——此采样器根据每个像素与其相邻像素的敏感差异,不同像素使用不同的样本数量。这种采样器适合场景中有少量的模糊效果或高细节的纹理贴图时使用。选择"自适应准蒙特卡罗"采样器,将在渲染器面板中出现"自适应准蒙特卡罗图像采样器"卷展栏,如图 6-19 所示。

- ◆ 最小细分——设置每个像素使用的样本最小细分数值。
- ◆ 最大细分——设置每个像素使用的样本最大细分数值。
- ◆ 颜色阀值——色彩的最小判断值。当色彩判断达到这个数值后,停止对色彩的判断。
- ◆ 显示采样——选择此复选框,可以看到自适应准蒙特卡罗采样样本的分布情况。
- ◆ 使用准蒙特卡罗采样器阀值——选择此复选框,"颜色阀值"将不起作用。

自适应细分采样器——它是每个像素的采样设置小于 1 的高级图像采样。适合在没有或有少量模糊效果的场景中使用。选择自适应细分图像采样器,将在渲染器面板中出现"自适应细分图像采样器"卷展栏,如图 6-20 所示。

图 6-19

图 6-20

◆ 最小比率——设置每个像素使用的样本最小数量。

◆ 最大比率——设置每个像素使用的样本最大数量。

◆ 颜色阀值——色彩的最小判断值。当色彩判断达到这个数值后，停止对色彩的判断。

◆ 对象轮廓——选择此复选框，可对物体轮廓使用更多的样本。

◆ 标准阀值——控制自适应细分采样在表面法线的采样程度。

◆ 随机采样——选择此复选框，样本将随机分布。

◆ 显示采样——选择此复选框，可看到自适应细分采样器的样本分布情况。

● 开——选择此复选框即可打开抗锯齿过滤器。一共有 14 种抗锯齿过滤器，如图 6-21 所示。

图 6-21

6.4 间接照明（GI）卷展栏

间接照明（GI）卷展栏是 VRay 渲染器的核心部分，在这里可以开启全局光效果，选择全局光引擎。本节就来学习间接照明（GI）卷展栏中的各项参数。

间接照明（GI）卷展栏可以对全局间接光照进行设置，如图 6-22 所示，"首次反弹"和"二次反弹"选项组的"全局光引擎"下拉列表框中提供了多种选择。

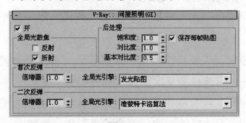

图 6-22

● 开——选择此复选框，开启间接照明。

● 反射——控制是否让间接照明产生反射焦散。

● 折射——控制是否让间接照明产生折射焦散。

● 饱和度——控制间接照明下渲染图片的饱和度，数值越高，饱和度越强。

当饱和度为 1 时，渲染图片如图 6-23 所示。当饱和度为 5 时，渲染图片如图 6-24 所示。

图 6-23

图 6-24

- 对比度——控制间接照明下渲染图片的明暗对比度。

当对比度为 1 时，渲染图片如图 6-25 所示；当对比度为 3 时，渲染图片如图 6-26 所示。

图 6-25

图 6-26

- 基本对比度——它可以和对比度配合使用。
- 保存每帧贴图——在渲染动画时，选择此复选框，渲染的每一帧都使用后处理选项组的参数进行控制。
- 首次反弹倍增器——控制首次反弹倍增值，数值越大，首次反弹光的能量越强。
- 首次反弹全局光引擎——可选择的首次反弹全局光引擎，有如图 6-27 所示的 4 个选项。
- 二次反弹倍增器——控制二次反弹倍增值，数值越大，二次反弹光的能量越强。
- 二次反弹全局光引擎——可选择的二次反弹全局光引擎，有如图 6-28 所示的 4 个选项。

图 6-27

图 6-28

将首次反弹倍增器数值和二次反弹倍增器的数值都设置为 1，效果如图 6-29 所示。接着将首次反弹倍增器的数值和二次反弹倍增器的数值都设置为 0.5，效果如图 6-30 所示。

图 6-29

图 6-30

将首次反弹倍增器的数值设置为 1.0, 二次反弹倍增器的数值设置为 0.5, 效果如图 6-31 所示。接着将首次反弹倍增器的数值设置为 0.5, 二次反弹倍增器的数值设置为 1.0, 效果如图 6-32 所示。

图 6-31

图 6-32

首次反弹全局光引擎和二次反弹全局光引擎有多种搭配方式, 下面分别对这些方式搭配进行测试。

测试 1: 首次反弹全局光引擎使用发光贴图, 二次反弹全局光引擎使用光子贴图, 渲染效果如图 6-33 所示, 耗时 11 分 16.8 秒。

测试 2: 首次反弹全局光引擎使用发光贴图, 二次反弹全局光引擎使用准蒙特卡罗算法, 渲染效果如图 6-34 所示, 耗时 12 分 2.6 秒。

图 6-33

图 6-34

测试 3: 首次反弹全局光引擎使用发光贴图, 二次反弹全局光引擎使用灯光缓冲, 渲染效果如图 6-35 所示, 耗时 11 分 18 秒。

测试 4：首次反弹全局光引擎使用光子贴图，二次反弹全局光引擎使用光子贴图，渲染效果如图 6-36 所示，耗时 0 分 53.6 秒。

图 6-35

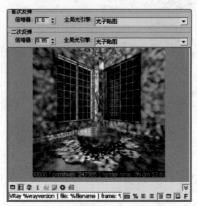

图 6-36

测试 5：首次反弹全局光引擎使用光子贴图，二次反弹全局光引擎使用准蒙特卡罗算法，渲染效果如图 6-37 所示，耗时 0 分 52.5 秒。

测试 6：首次反弹全局光引擎使用光子贴图，二次反弹全局光引擎使用灯光缓冲，渲染效果如图 6-38 所示，耗时 0 分 58.8 秒。

图 6-37

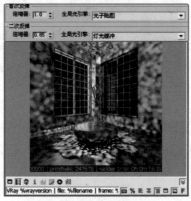

图 6-38

测试 7：首次反弹全局光引擎使用准蒙特卡罗算法，二次反弹全局光引擎使用光子贴图，渲染效果如图 6-39 所示，耗时 21 分 28.1 秒。

图 6-39

测试 8：首次反弹全局光引擎使用准蒙特卡罗算法，二次反弹全局光引擎使用准蒙特卡罗算法，渲染效果如图 6-40 所示，耗时 49 分 0.8 秒。

图 6-40

测试 9：首次反弹全局光引擎使用准蒙特卡罗算法，二次反弹全局光引擎使用灯光缓冲，渲染效果如图 6-41 所示，耗时 28 分 43.3 秒。

测试 10：首次反弹全局光引擎使用灯光缓冲，二次反弹全局光引擎使用光子贴图，渲染效果如图 6-42 所示，耗时 10 分 48.5 秒。

图 6-41

图 6-42

测试 11：首次反弹全局光引擎使用灯光缓冲，二次反弹全局光引擎使用准蒙特卡罗算法，渲染效果如图 6-43 所示，耗时 10 分 47.3 秒。

测试 12：首次反弹全局光引擎使用灯光缓冲，二次反弹全局光引擎使用灯光缓冲，渲染效果如图 6-44 所示，耗时 10 分 45.2 秒。

图 6-43

图 6-44

6.5 发光贴图卷展栏

发光贴图卷展栏可以控制发光贴图的各项参数，本节就对这些参数进行学习。

发光贴图是基于发光缓存技术的，它仅计算场景中某些待定点的间接照明，然后对剩余的点进行插值计算。当在间接照明（GI）卷展栏的全局光引擎中选择发光贴图后，才会在渲染器面板中出现此卷展栏，如图 6-45 所示。

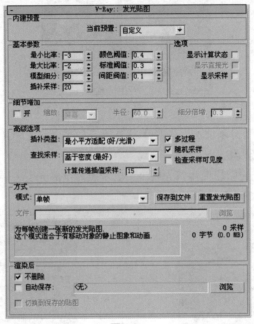

图 6-45

在“当前预置”下拉列表框中提供了 8 种系统预设模式供选择，如图 6-46 所示。

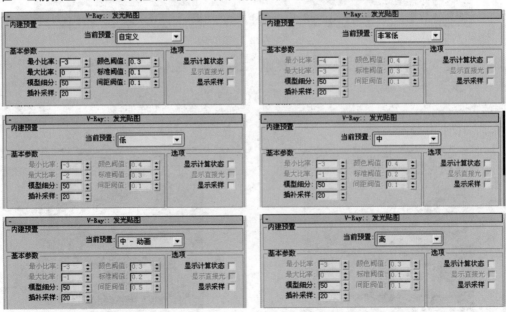

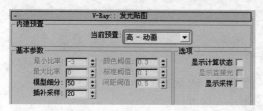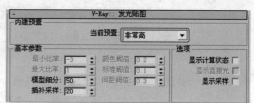

图 6-46

- 最小比率——控制场景中平坦区域的采样数量。
- 最大比率——控制场景中物体边线、角落和阴影等的采样数量。
- 模型细分——决定单独的全局照明样本的品质，较小取值可获得较快速度，但也可能产生黑斑。
- 插补采样——这个数值能对样本进行模糊处理，大的值可得到较模糊的效果，小的值可得到较锐利的效果。
- 颜色阀值——这个数值让渲染器分辨哪是平坦区域，它是以颜色的灰度来区分的。
- 标准阀值——这个数值让渲染器分辨哪是交叉区域，它是以法线的方向来区分的。
- 间距阀值——这个数值让渲染器分辨哪是弯曲表面区域，它是以表面距离和表面弧度的比较来区分的。
- 显示计算状态——选择此复选框后，在计算发光贴图时将显示发光贴图的传递。
- 显示直接光——选择此复选框后，在计算发光贴图时将显示首次反弹除了间接照明外的直接照明。
- 显示采样——选择此复选框后，将在窗口以小原点的形态直观显示发光贴图中使用样本的情况。
- 开——打开细部增强功能。
- 缩放——在其下拉列表框中有两种选择，分别为"屏幕"和"世界"。
- 半径——表示细节部分有多大区域使用细部增强功能。
- 细分倍增——控制细部的细分，但要与模型细分配合使用。
- 插补类型——提供了权重平均值（好/强）、最小平方适配（好/光滑）、Delone 三角剖分（好/精确）、最小平方 w/Voronoi 权重（测试）4 种插补类型。
- 查找采样——提供了平衡嵌块（好）、接近（草稿）、重叠（很好/快速）和基于密度（最好）4 种查找采样。
- 模式——提供了 6 种发光贴图的使用模式，如图 6-47 所示。

图 6-47

- 不删除——当光子渲染完成后，不把光子从内存中删除。
- 自动保存——当光子渲染完成后，自动进行保存。

6.6 准蒙特卡罗全局光卷展栏

本节就对准蒙特卡罗全局光卷展栏中的各项参数进行学习。

准蒙特卡罗卷展栏是计算每个点的全局光照明，虽然速度比较慢，但是效果很精确。在细分值较小时会产生杂点。当在间接照明（GI）卷展栏的全局光引擎中选择了准蒙特卡罗算法时，才会在渲染器面板中出现此卷展栏，如图 6-48 所示。

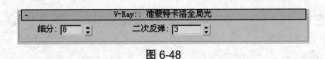

图 6-48

- 细分——设置计算过程中近似的样本数量，数值越大，效果越好。
- 二次反弹——控制二次反弹的次数，这个数值越大，场景越明亮。

6.7 全局光子贴图卷展栏

本节将对全局光子贴图卷展栏的各项参数进行学习。

光子贴图计算方式是建立在追踪场景中光源发射的光线微粒（光子）基础上的，可以快速产生近似于场景中灯光的光照效果。当在间接照明（GI）卷展栏的全局光引擎中选择了光子贴图时，才会在渲染器面板中出现此卷展栏，如图 6-49 所示。

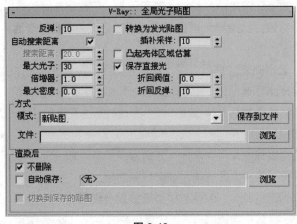

图 6-49

- 反弹——控制光线的反弹次数。
- 自动搜索距离——VRay 根据场景的光照信息自动估计光子的搜索距离。
- 搜索距离——当不选择"自动搜索距离"复选框时，激活此选项。可让用户手动设置光子的搜索距离。
- 最大光子——决定在场景中参与计算的光子数量，较高的取值可以得到平滑的图像。
- 倍增器——用于控制光子贴图的亮度。
- 最大密度——用于控制光子量的界限。
- 凸起壳体区域估算——选择此复选框，可以避免产生的黑斑。
- 保存直接光——选择此复选框，可以在光子贴图中同时保存直接光照的相关信息。
- 折回阀值——设置光子来回进行反弹的倍增极限值。
- 折回反射——设置光子来回进行反弹的次数。
- 模式——此设置组中有两种保存光子贴图的方式可供选择。
- 不删除——选择此复选框，光子贴图将保存在内存中。
- 自动保存——选择此复选框，会将光子贴图自动保存到指定路径。

6.8 灯光缓冲卷展栏

本节将对灯光缓冲卷展栏中的各项控制参数进行学习。

灯光缓冲是建立在追踪从摄影机可见的光线路径的基础上的，每一次沿路径的光线反弹都会存储照明信息。当在间接照明（GI）卷展栏的全局光引擎中选择了灯光缓冲时，才会在渲染器面板中出现此卷展栏，如图 6-50 所示。

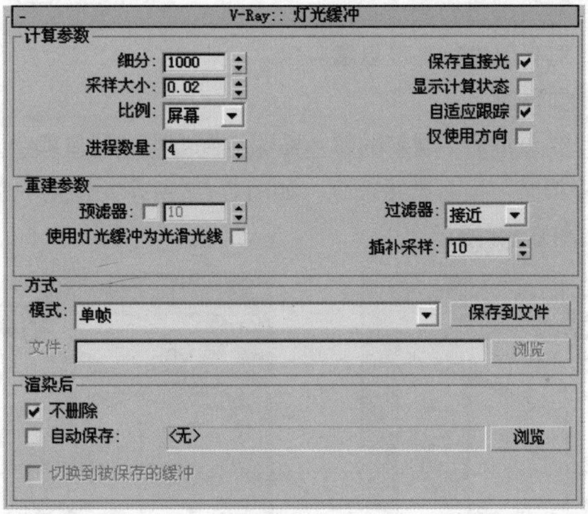

图 6-50

- 细分——决定灯光缓冲的样本数量。
- 采样大小——决定灯光缓冲贴图中样本的间隔。
- 比例——确定样本尺寸和尺寸过滤器。
- 进程数量——灯光缓冲贴图的计算次数。
- 保存直接光——选择此复选框，可以在灯光缓冲贴图中同时保存直接光照的相关信息。
- 自适应跟踪——选择此复选框，将记录场景中光的位置，并在光的位置上采用更多样本。
- 预滤器——选择此复选框，可以对样本进行提前过滤。
- 过滤器——在渲染图片时，对样本进行过滤。
- 使用灯光缓冲为光滑光线——选择此复选框，可提高对场景中反射和折射模糊效果的渲染速度。
- 模式——此设置组中有 4 种保存灯光缓冲贴图的方式。
- 不删除——选择此复选框，灯光缓存贴图将保存在内存中。
- 自动保存——选择此复选框，会将灯光缓冲贴图自动保存到指定路径。

6.9 颜色映射卷展栏

颜色映射卷展栏中的参数可以整体控制渲染的曝光方式，本节将对此卷展栏中的参数进行学习。

颜色映射卷展栏能够整体控制渲染的曝光方式，而且可以分别设置场景受光部分和背光部分曝光的倍增参数，如图 6-51 所示。

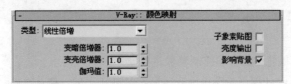

图 6-51

- 类型——提供了 7 种曝光方式。
- 变暗倍增器——用来对暗部进行亮度倍增。
- 变亮倍增器——用来对亮部进行亮度倍增。
- 伽玛值——用于控制伽玛值。
- 影响背景——选择此复选框后，当前的颜色贴图控制会影响背景颜色。

当使用线性倍增进行渲染时，画面光线很强，如图 6-52 所示。使用 HSV 指数进行渲染，画面光线减弱，而且颜色偏红，如图 6-53 所示。

图 6-52

图 6-53

使用强度指数进行渲染时，画面光线比 HSV 指数略亮，如图 6-54 所示。使用伽玛校正进行渲染时，画面光线增强，比使用线性倍增进行渲染的光线还强烈，如图 6-55 所示。

图 6-54

图 6-55

然后使用亮度伽玛和 Reinhard 进行渲染时，画面光线都比较强烈，如图 6-56 和图 6-57 所示。

图 6-56 　　　　　　　　　　　　图 6-57

使用指数进行渲染时，画面光线强度将减弱，画面饱和度也会降低，如图 6-58 所示。

图 6-58

接着在颜色映射卷展栏中将"变暗倍增器"设置为 3，如图 6-59 所示。这样画面的暗部将变亮，如图 6-60 所示。

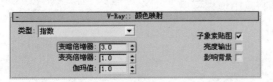

图 6-59

图 6-60

在颜色映射卷展栏中将"变亮倍增器"设置为 3，如图 6-61 所示。这样画面的亮部也将变亮，如图 6-62 所示。

图 6-61   图 6-62

6.10 摄影机卷展栏

摄影机卷展栏用于控制场景中的几何体投射到图形上的方式，本节就对它的具体参数进行学习。

摄影机卷展栏包含了摄影机类型、景深效果和运动模糊效果的设置，如图 6-63 所示。

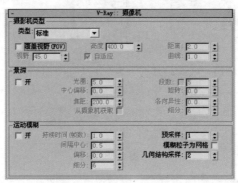

图 6-63

- 类型——提供了 7 种摄影机类型。
- 覆盖视野——选择此复选框，将激活"视野"选项。
- 高度——只有选择圆柱（正交）摄影机时，此选项才被激活，用于设置摄影机的高度。
- 距离——只有选择鱼眼摄影机时，此选项才被激活，用于控制摄影机到反射球间的距离。
- 自适应——选择此复选框，系统会自动匹配歪曲直径到渲染图的宽度上。
- 曲线——只有选择鱼眼摄影机时，此选项才被激活，它控制渲染图形的扭曲程度。
- 开——开启景深效果。
- 光圈——模拟摄影机的光圈尺寸，小的光圈将减小模糊程度。
- 段数——模拟摄影机光圈的多边形形状。
- 中心偏移——控制模糊效果的中心位置。
- 焦距——确定从摄影机到物体完全被聚焦的距离。
- 从摄影机获取——选择此复选框后，在渲染摄影机视图时，焦距由摄影机的目标点确定。

- 景深细分——控制景深效果的品质。
- 开——开启运动模糊效果。
- 持续时间——在摄影机快门打开的时候指定在帧中持续的时间。
- 间隔中心——用来控制运动模糊的间隔中心。
- 偏移——控制运动模糊的偏移。
- 细分——确定运动模糊的品质。
- 预采样——控制不同时间段上的模糊样本数量。
- 模糊粒子为网格——选择此复选框后，粒子系统将会被作为正常的网格物体产生模糊效果。

6.11　默认置换卷展栏

默认置换卷展栏中的参数用来控制是否置换的效果，本节将对其参数进行学习。默认置换卷展栏可用来控制使用置换材质而没使用 VRay 置换模式修改器对象的置换效果，如图 6-64 所示。

图 6-64

- 覆盖 MAX 设置——选择此复选框后，3ds Max 系统里置换模式修改器的效果将被此处的设置替换。
- 边长度——控制置换的品质。
- 数量——控制置换效果的强度。
- 紧密界限——选择此复选框后，VRay 会对置换贴图进行分析，如置换贴图色阶平淡，则将加快渲染速度。
- 视野——选择此复选框后，边的长度将以像素为单位。
- 相对于边界框——置换的数量将以长方体的边界为基础，这样置换效果较强烈。
- 最大细分——控制置换产生的一个三角面包含了多少小的三角面。

6.12　焦散卷展栏

VRay 渲染器可以渲染出逼真的焦散效果，焦散卷展栏中的参数就用于控制焦散效果，本节将对这些参数进行学习。焦散卷展栏用于控制焦散效果，如图 6-65 所示。

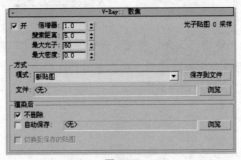

图 6-65

- 开——选择此复选框，将渲染焦散效果。
- 倍增器——焦散的亮度倍增。
- 搜索距离——在 VRay 渲染过程中对物体表面进行光子追踪，同时以初始光子为圆心，以搜索距离为半径进行追踪。
- 最大光子——控制最大光子的数目。
- 最大密度——控制光子的最大密度。

6.13　环境卷展栏

环境卷展栏可在全局光和反射/折射中为环境指定颜色或贴图，本节将对这些参数进行学习。

环境卷展栏包含了全局光（天光）覆盖、反射/折射环境覆盖和折射环境覆盖，如图 6-66 所示。

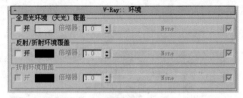

图 6-66

- 全局光（天光）覆盖开——选择此复选框，将打开 VRay 的天光。
- 倍增器——控制天光亮度的倍增。

在环境卷展栏中选择"全局光环境（天光）覆盖"选项组的"开"复选框，表示开启全局环境光。这个环境光的颜色默认为蓝色，如图 6-67 所示。单击工具栏中的 ❤ 按钮，渲染效果如图 6-68 所示。

图 6-67　　　　　　　　　　　　　　　　　　图 6-68

在环境卷展栏中单击全局光环境（天光）覆盖"开"后的 ▢ 按钮，在弹出的"颜色选择器"面板中选择如图 6-69 所示的颜色作为全局环境光，再次单击工具栏中的 ❤ 按钮，渲染效果如图 6-70 所示。画面颜色偏红，这是受到了全局环境光的影响。

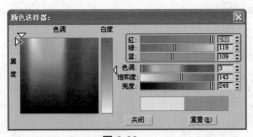

图 6-69   图 6-70

- 反射/折射环境覆盖开——选择此复选框，将打开 VRay 的反射环境。
- 倍增器——控制反射环境亮度的倍增。
- 折射环境覆盖开——选择此复选框，将打开 VRay 的折射环境。
- 倍增器——控制折射环境亮度的倍增。

6.14 系统卷展栏

系统卷展栏中的参数可以控制多种 VRay 参数，本节将对这些参数进行学习。

系统卷展栏控制 VRay 的系统设置，包含光线追踪设置、渲染块设置、水印和网络渲染等，它的参数设置面板如图 6-71 所示。

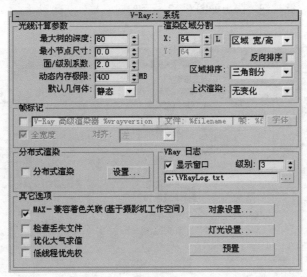

图 6-71

- 光线计算参数选项组——这里允许用户控制二元空间划分树（BSP 树）的各种参数。VRay 将场景中的几何体信息组织成一个特别的结构，这个结构称为二元空间划分树。
    - ◆ 最大树的深度——若这个数值设置得较大，则意味 VRay 在运算时占用更多的系统资源，同时提高了渲染速度。

◆ 最小节点尺寸——通常这个数值为 0，这样 VRay 将不顾场景尺寸的大小去细分场景中的几何体。通过设置不同的数值，如果节点尺寸小于设置数值，VRay 将停止细分。

◆ 面/级别系数——它控制树叶节点中的最大三角形数量。如果这个参数数值小，渲染将会很快，但 BSP 将占用较多的内存，直到某些临界点为止，当超过临界点以后就开始减慢。

● 渲染区域分割选项组——这个参数组允许用户控制渲染区域的各种参数，通过这些参数可以实现渲染分割区域块的设置。

◆ X——当选择"区域宽/高"模式的时候，以像素为单位确定渲染块的最大宽度。

◆ Y——当选择"区域宽/高"模式的时候，以像素为单位确定渲染块的最大高度。

◆ 区域排序——确定在渲染过程中块渲染进行的顺序。

◆ 上次渲染——这个参数确定在渲染开始的时候，在 VFB 中以什么方式处理先前渲染的图像。

● 帧标记选项组——这里可以控制水印的信息。

● 分布式渲染选项组——用于控制 VRay 的分布式渲染，也是平常说的热网络渲染。

● VRay 日志选项组——在渲染过程中，VRay 会将各种信息记录下来并保存，在渲染的同时将显示信息窗口。信息窗口中的所有信息分成 4 部分并按不同字体颜色进行区分。

● 其他选项组如下。

◆ 检查丢失文件——选择此复选框，VRay 会在场景中检查缺少的文件，并记录到 VRay 信息窗口中。

◆ 优化大气求值——在 3ds Max 中大气是位于它们后面的表面被着色后才被评估。选择此复选框后，可使 VRay 优先评估大气效果。

◆ 低线程优先权——选择此复选框后，可使 VRay 在渲染过程中使用较低优先权的线程，避免占用系统资源。

● 对象设置——单击此按钮将弹出如图 6-72 所示的对话框，在此对话框中可以设置场景中每个物体的局部参数。

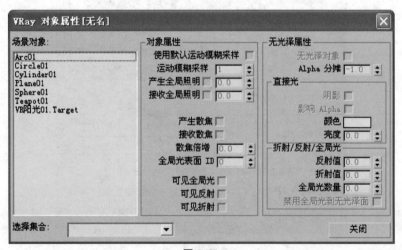

图 6-72

● 灯光设置——单击此按钮将弹出如图 6-73 所示的对话框，在此对话框中可以为场景中的灯光指定焦散或全局光子贴图的参数设置。

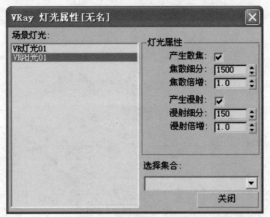

图 6-73

● 预置——单击此按钮将弹出如图 6-74 所示的对话框，在此对话框中可以将 VRay 的各种参数保
存为 Text 文件。

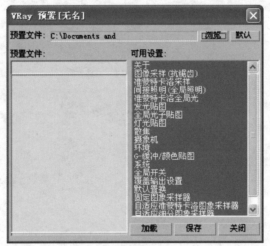

图 6-74

PART 3

第三篇　提质与提速篇

影响渲染图片品质和速度的因素有很多，本篇分别从"提高效果图渲染质量"和"提高效果图渲染速度"两个角度剖析了效果图制作过程中的多种技巧和方法。每章都通过多个实例阐述了如何从模型、材质和灯光等方面提高渲染图片的质量和速度。希望读者通过本篇的学习能够迅速掌握提高渲染质量和速度的方法和技巧，从而达到提高工作质量的目的。

7. 提高效果图渲染质量

8. 提高效果图渲染速度

Chapter 7

提高效果图渲染质量

　　本章通过多个实例剖析了如何从模型、材质和灯光等方面提高渲染图片的质量。希望读者通过本章的学习能够迅速掌握提高渲染质量的方法和技巧。这些方法与技巧都是作者实际工作中的心得体会，希望读者能够仔细体验。

7.1 从模型方面提高渲染质量

在制作效果图时，模型的优劣决定了最后渲染出的图片是否具有细节、是否有黑斑等。本节讲解了如何从模型方面提高渲染图片的质量。

7.1.1 确保模型无破面

在打开场景模型时，首先对场景模型进行检测，确保模型无破面，否则模型在渲染时会出现问题，影响效果图的画面质量。

在大型效果图公司，建模和渲染人员是分开的。因此当渲染人员拿到模型时，先要检测模型有无破面，然后再进行渲染操作，这样才能保证渲染图片的画面质量。VRay 渲染器提供了覆盖材质，便于检测模型。这里我们就来学习如何检测模型有无破面，以便提高渲染图的质量。

> **⚠ 注意**　如果在检测中发现场景模型有破面，在第一时间需要对出现问题的模型进行修改或重建。

覆盖材质位于渲染场景对话框的全局开关卷展栏中，如图 7-1 所示。在默认情况下此材质处于未被启用状态。

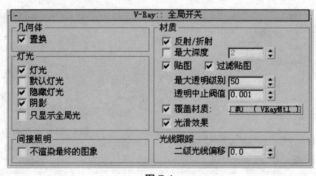

图 7-1

01 在 3ds Max 9 中打开随书光盘中的"案例相关文件 \ chapter07 \ 场景文件 \ 厨房 \ 模型破面测试 .max"文件，如图 7-2 所示。此时场景中的模型都被赋予了不同的材质并设置了光源。

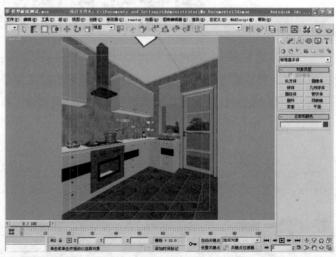

图 7-2

02 单击工具栏中的 ⚏ 按钮，打开材质编辑器，如图 7-3 所示。

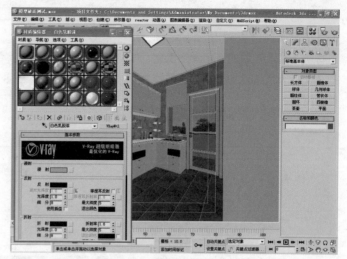

图 7-3

03 单击 🗋 按钮打开渲染场景对话框，然后在展开的全局开关卷展栏中选择"覆盖材质"复选框，如图 7-4 所示。

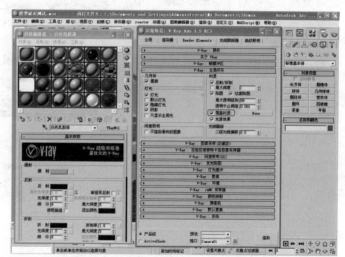

图 7-4

04 单击"覆盖材质"复选框后的 `None` 按钮，在弹出的"材质/贴图浏览器"中选择 VRayMtl 选项，如图 7-5 所示。

图 7-5

05 然后在弹出的"材质/贴图浏览器"中单击 **确定** 按钮,这时"覆盖材质"复选框后的按钮发生变化,如图 7-6 所示。此时 VRayMtl 材质作为了覆盖材质。

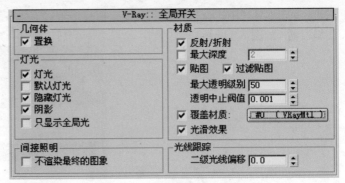

图 7-6

06 但是此时无法调整覆盖材质,因此需要将它复制到"材质编辑器"中。用鼠标拖动"覆盖材质"后的按钮到"材质编辑器"中的空白材质处,在接着弹出的"实例(副本)材质"对话框中选择"实例"单选按钮,如图 7-7 所示。

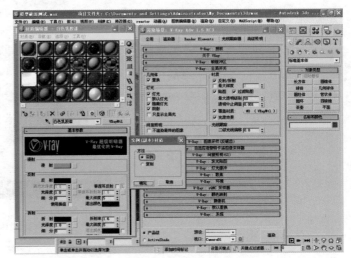

图 7-7

07 此时可在材质编辑器中编辑"覆盖材质",单击漫射后的 按钮,在弹出的"颜色选择器"中选择"红"、"绿"、"蓝"都为 255 的颜色,如图 7-8 所示。

图 7-8

08 单击工具栏中的 按钮进行渲染，效果如图 7-9 所示。

图 7-9

09 在展开的"全局开关"卷展栏中取消选择"覆盖材质"复选框，单击工具栏中的 按钮进行渲染，它将应用场景刚打开时各自的材质，如图 7-10 所示，不锈钢锅上出现黑斑。

图 7-10

> **！注意** 在进行到步骤 8 时已经可以确定模型有问题，这时可对模型进行修改。这里为了让读者能够对比有破面模型和无破面模型的效果，所以进行了步骤 9 的操作。

10 不锈钢锅有破面，因此要修改模型并重新为它赋予材质。修改好模型后，单击 按钮进行渲染。效果如图 7-11 所示，此时模型无破面，画面质量得到提高，未出现黑斑。

图 7-11

7.1.2　确保模型交接处无重叠现象

模型与模型的交接处出现了重叠，在渲染的时候会出现错误，所以在建模时需要避免模型与模型的重叠。

在有的场景中仍然不可避免模型与模型的交接处有重叠现象，如果不解决，在渲染图片时将会出现黑块，影响渲染图片品质。这时需要在"全局开关"卷展栏中修改"二次光线偏移"的数值，当此数值为零时，渲染结果往往不正确。

01 在 3ds Max 9 中打开随书光盘中的"案例相关文件 \ chapter07 \ 场景文件 \ 厨房 \ 模型重叠测试场景 .max"文件，如图 7-12 所示。我们通过这个例子来学习如何避免重叠模型的渲染问题，此时场景中的模型都被赋予了不同的材质并设置了光源。

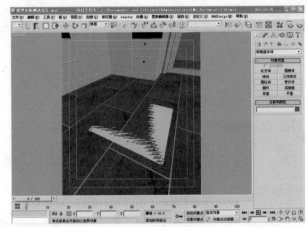

图 7-12

02 单击工具栏中的 按钮，切换视图，可以看见地板和长方体有重叠，如图 7-13 所示。

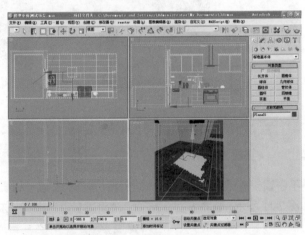

图 7-13

03 单击 按钮打开渲染场景对话框，然后在展开的"全局开关"卷展栏中可以看见"二次光线偏移"选项后的数值为 0，如图 7-14 所示。

04 单击工具栏中的 ⚙ 按钮进行渲染，效果如图 7-15 所示，重叠处出现问题。

图 7-15

05 单击 ⚙ 按钮打开渲染场景对话框，然后在展开的"全局设置开关"卷展栏中可以看见"二次光线偏移"选项后的数值为 0.001，如图 7-16 所示。

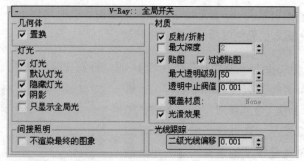

图 7-16

06 单击工具栏中的 ⚙ 按钮进行渲染，效果如图 7-17 所示，重叠处出现的问题得到了解决。

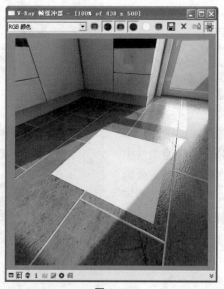

图 7-17

　　虽然可以通过修改数值解决重叠处的问题，但这是迫不得已的。大家在建立模型时要尽量避免模型交接处的重叠现象，这是从根本上来解决问题，从而提高渲染图片的质量。

7.2 从材质方面提高渲染质量

在制作效果图时，物体的材质是否模拟得逼真与最后渲染图片的质量有直接关系。本节讲解了如何从材质方面提高渲染图片的质量。

7.2.1 设置最大深度参数提高金属器皿渲染质量

金属最大的特性就是具有反射性，用 VRayMtl 材质模拟金属，控制效果的参数主要在反射选项组中。材质设置面板中的反射选项组，如图 7-18 所示。其中要注意"最大深度"和"退出颜色"的定义。

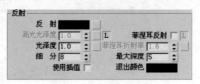

图 7-18

● 最大深度——用于设置反射的最大次数。
● 退出颜色——当光线达到最大的反射次数时将停止计算，这时由于反射次数不够而导致的反射区域的颜色就用退出颜色来代替。

<table>
<tr><td>01</td><td>在 3ds Max 9 中打开随书光盘中的"案例相关文件 \ chapter07 \ 场景文件 \ 厨房 \ 金属器皿 .max"文件，如图 7-19 所示。通过这个例子来学习如何避免重叠模型的渲染问题，此时场景中的模型都被赋予了不同的材质并设置了光源。</td></tr>
</table>

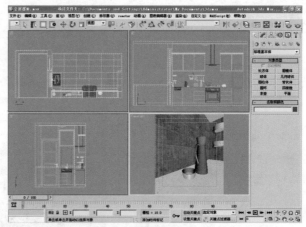

图 7-19

<table>
<tr><td>02</td><td>单击工具栏中的 ⊙ 按钮进行渲染，效果如图 7-20 所示。渲染图片中的金属器皿上出现大量的黑斑，这是因为光线的反射次数少了，在反射次数不够的情况下使用"退出颜色"来替代反射回来的追踪光线。</td></tr>
</table>

图 7-20

03 在"材质编辑器"中可以看见亮钢材质的"退出颜色"设置的是黑色。单击"退出颜色"后的 ▇▇▇ 按钮，在弹出的"颜色选择器"中选择"红"为 111、"绿"为 160、"蓝"为 249 的颜色，如图 7-21 所示。

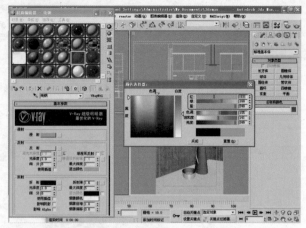

图 7-21

04 单击工具栏中的 ◉ 按钮进行渲染，效果如图 7-22 所示。

图 7-22

05 在"材质编辑器"中将亮钢材质的"最大深度"数值设置为 3，如图 7-23 所示。

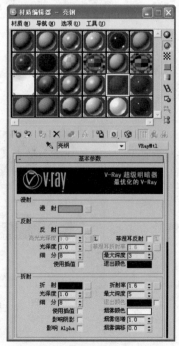

图 7-23

06 单击工具栏中的 按钮进行渲染，效果如图 7-24 所示。可以看见金属器皿上的黑斑大量减少。

图 7-24

07 在"材质编辑器"中将亮钢材质的"最大深度"数值设置为 5，单击工具栏中的 按钮进行渲染，如图 7-25 所示，这时金属器皿上的黑斑完全消失。

图 7-25

 注意

当"最大深度"数值设置得过高时，会耗费大量的渲染时间。

08 在"材质编辑器"中将亮钢材质的"最大深度"数值设置为 5，展开"全局开关"卷展栏，选择卷展栏中的"最大深度"复选框。此面板中"最大深度"的默认数值为 2，如图 7-26 所示。

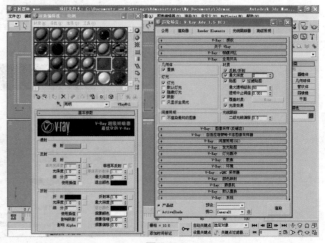

图 7-26

09 单击工具栏中的 ⊙ 按钮进行渲染，效果如图 7-27 所示，这时金属器皿反射处又出现黑斑。

图 7-27

> **⚠ 注意** 在材质设置面板和"全局开关"卷展栏中同时设置了最大深度数值，渲染时优先使用"全局开关"卷展栏中的数值。

当场景中有金属器皿时，一定要合理地设置最大深度数值。当这个数值设置过低时会破坏画面质量；而将它设置过高又会浪费渲染时间。

7.2.2 设置材质参数提高金属材质的品质

金属材质表现的好坏直接影响渲染图片的品质，本节将学习如何通过设置材质参数来提高金属材质的品质。

01 在3ds Max 9中打开随书光盘中的"案例相关文件\chapter07\场景文件\厨房\金属炊具.max"文件，如图 7-28 所示。

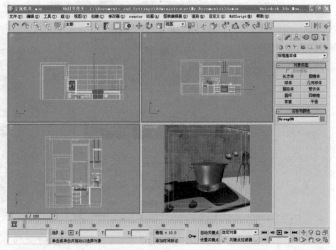

图 7-28

02 单击 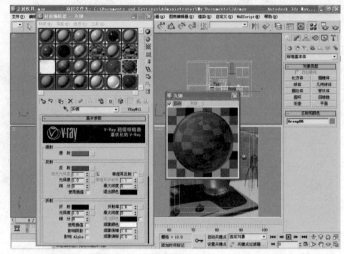 按钮打开材质编辑器,
激活"灰钢"材质,不锈钢锅就是指
定的这种材质。在"材质编辑器"中双
击此材质球,可以放大此材质,进行更
仔细地观察,如图 7-29 所示。

图 7-29

03 "灰钢"材质的"高光光泽度"
控制材质高光的大小,它一般和光泽度
是锁定在一起的。单击 L 按钮解锁,将
"高光光泽度"数值设置为 0.8,材质
球中的材质出现高光,如图 7-30 所示。

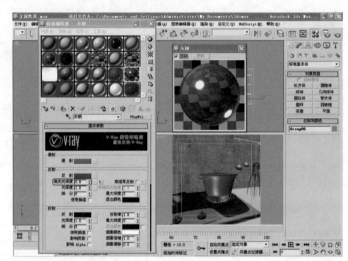

图 7-30

04 单击 L 按钮使"高光光泽度"和
"光泽度"锁定,在"灰钢"材质的设
置面板中将"光泽度"数值设置为 0.5,
材质球中的材质有反射模糊现象,如图
7-31 所示。

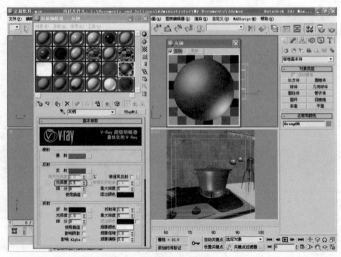

图 7-31

05 单击工具栏中的 ⬤ 按钮进行渲染，效果如图 7-32 所示，这时锅表面材质被模糊，有明显的颗粒。

图 7-32

> **⚠ 注意**　"光泽度"数值设置得越低，材质表面的反射模糊效果越强烈，在渲染的时候花费的时间越多。

06 这里不需要太强烈的模糊，在"灰钢"材质的设置面板中将"光泽度"数值设置为 0.9，材质球中材质的反射模糊降低，如图 7-33 所示。

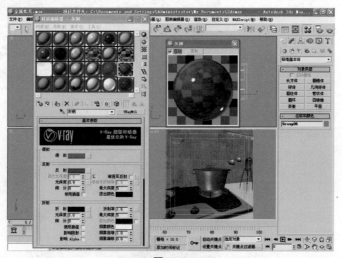

图 7-33

07 单击工具栏中的 ◎ 按钮进行渲染，效果如图 7-34 所示，这时锅表面材质有细微颗粒，属于磨砂不锈钢。

图 7-34

08 在"灰钢"材质的设置面板中选择"菲涅耳反射"复选框，材质球中的材质反射发生变化，如图 7-35 所示。

图 7-35

09 单击工具栏中的 ◎ 按钮进行渲染，效果如图 7-36 所示。

图 7-36

10 菲涅耳的效果也与"菲涅耳折射率"有关,当它的数值在1~100之间时,反射强烈。通常默认的"折射率"是1.6,将它设置为3时,效果如图7-37所示。

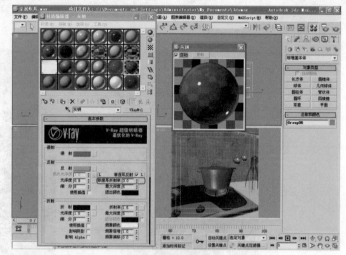

图 7-37

11 单击工具栏中的 按钮进行渲染,效果如图7-38所示。

图 7-38

12 材质设置面板中的"细分"数值控制材质的质量,一般默认为8。当"细分"数值设置为8时,效果如图7-39所示。

图 7-39

13 当将材质设置面板中的"细分"数值设置为 16 时，效果如图 7-40 所示，这时金属表面由于细分数值低而造成的颗粒消失。

图 7-40

> **⚠ 注意**　当细分数值设置得很高时，渲染时间会增加。

7.2.3　设置材质来防止溢色现象

溢色现象会长期影响渲染图片的质量，本节将学习怎样通过材质来控制溢色，这里有两种材质都可以控制溢色。

要控制溢色现象，首先需要找到场景中引起溢色的材质。第一种方法是为此材质添加材质包裹器，然后在材质包裹器设置面板中调节产生全局照明的数值，从而控制溢色。第二种方法是使用 VR 代理材质来控制溢色。

1. 用材质包裹器控制溢色

01 在 3ds Max 9 中打开随书光盘中的"案例相关文件 \ chapter07 \ 场景文件 \ 厨房 \ 模型破面测试 .max"文件，如图 7-41 所示。通过这个例子来学习如何通过材质来防止溢色现象的出现，此时场景中的模型都被赋予了不同的材质并设置了光源。

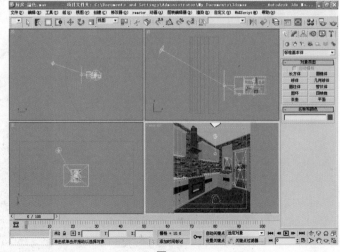

图 7-41

02 单击工具栏中的 按钮进行渲染，效果如图 7-42 所示。可以看见场景溢色问题很严重，渲染图片整体偏红。

图 7-42

03 单击工具栏中的 按钮，打开材质编辑器，如图 7-43 所示。

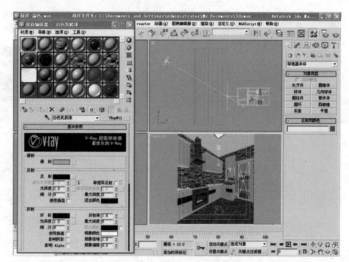

图 7-43

04 在"材质编辑器"中找到引起溢色的材质并激活此材质，如图 7-44 所示。

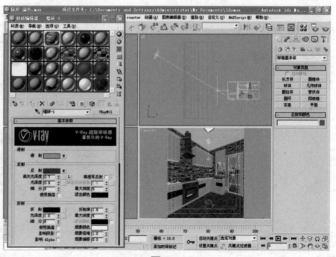

图 7-44

05 在此材质的设置面板中单击 `Standard` 按钮，在弹出的"材质/贴图浏览器"中选择"VR 材质包裹器"选项并单击 `确定` 按钮，在弹出的"替换材质"对话框中选择"将旧材质保存为子材质"单选按钮，如图 7-45 所示。

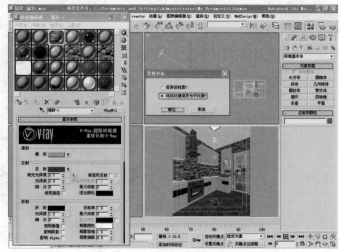

图 7-45

06 在此材质的设置面板中将"产生全局照明"的数值设置为 0.9，如图 7-46 所示。

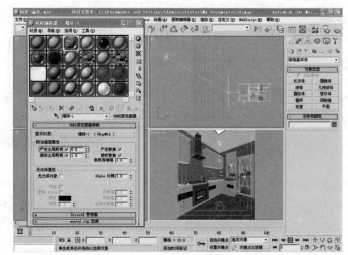

图 7-46

07 单击工具栏中的 按钮进行渲染，效果如图 7-47 所示，这时场景溢色现象略微减弱。

图 7-47

08 在此材质的设置面板中将 "产生全局照明" 的数值设置为 0.5，如图 7-48 所示。

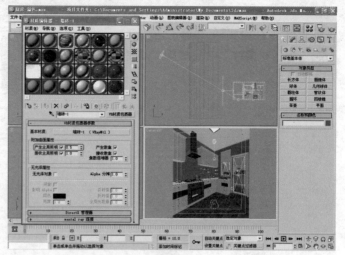

图 7-48

09 单击工具栏中的 按钮进行渲染，效果如图 7-49 所示，这时场景溢色问题完全消失。

图 7-49

2. 用 VR 代理材质控制溢色

01 在 3ds Max 9 中再次打开随书光盘中的 "案例相关文件 \ chapter07 \ 场景文件 \ 厨房 \ 模型破面测试 .max" 文件，如图 7-50 所示。

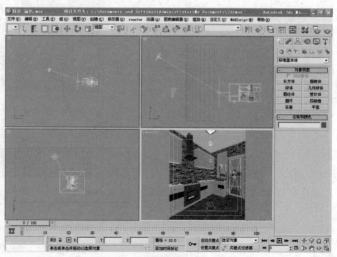

图 7-50

02 单击工具栏中的 ⚙ 按钮，打开材质编辑器。在"材质编辑器"中找到引起溢色的材质并激活此材质，如图 7-51 所示。

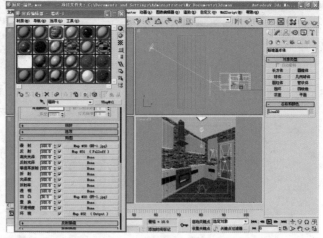

图 7-51

03 在此材质的设置面板中单击 Standard 按钮，在弹出的"材质/贴图浏览器"中选择"VR 代理材质"选项并单击 确定 按钮，在弹出的"替换材质"对话框中选择"将旧材质保存为子材质"单选按钮，如图 7-52 所示。

图 7-52

04 原来设置好的材质作为"VR 代理材质"的子材质，VR 代理材质的设置面板如图 7-53 所示。

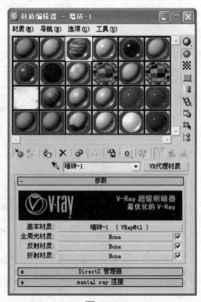

图 7-53

05 然后需要在 VR 代理材质的设置面板中添加全局光材质来控制溢色。单击全局光材质后的 None 按钮，在弹出的"材质/贴图浏览器"中选择 VRayMtl 选项并单击 确定 按钮，如图 7-54 所示。

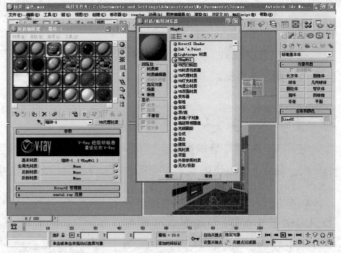

图 7-54

06 在 VRayMtl 子材质的设置面板中单击"漫射"后的 按钮，在弹出的"颜色选择器"中选择"红"、"绿"、"蓝"都为 200 的颜色，如图 7-55 所示。

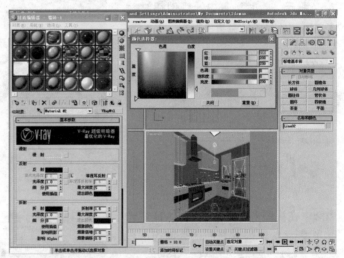

图 7-55

07 完成材质的设置后，单击工具栏中的 按钮进行渲染，效果如图 7-56 所示，这时可以看见场景溢色问题得到解决。

图 7-56

7.3 从灯光方面提高渲染质量

在制作效果图时，场景的光阴效果对图片的质量有举足轻重的影响。本节讲解了如何从灯光方面提高渲染图片的质量。

7.3.1 设置灯光参数提高画面品质

使用 VR 来渲染场景通常会使用大量的 VR 灯光，此光源的细分数值会影响画面的质量。当数值过低时，画面上会出现斑点。本节来学习怎样设置细分数值可以获得较高的画面质量。

01 在 3ds Max 9 中打开随书光盘中的 "案例相关文件 \ chapter07 \ 场景文件 \ 灯光提质测试场景 \ 灯光提质测试场景－面光源细分 .max" 文件，如图 7-57 所示，此时场景中的模型都被赋予了不同的材质并设置了光源。

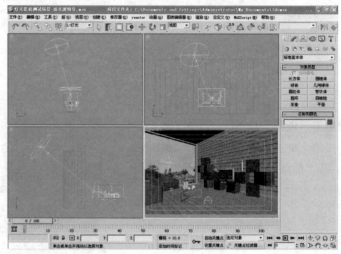

图 7-57

02 在视图中选择窗户外的 VR 灯光并单击 ✐ 按钮进入修改命令面板，将它的 "细分" 数值设置为 1，如图 7-58 所示。

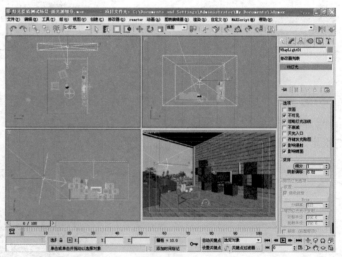

图 7-58

03 在视图中选择电视柜上端模拟灯槽的 VR 灯光并单击 ✎ 按钮进入修改命令面板,将它的"细分"数值设置为 1,如图 7-59 所示。

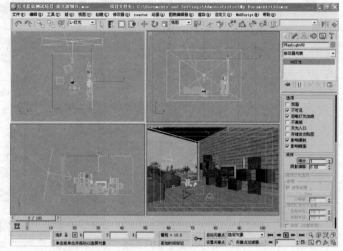

图 7-59

04 在视图中选择半球形的 VR 灯光并单击 ✎ 按钮进入修改命令面板,将它的"细分"数值设置为 1,如图 7-60 所示。

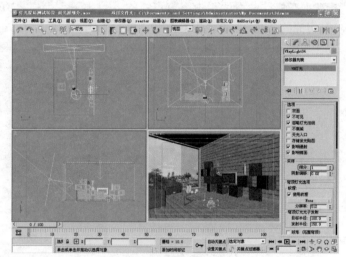

图 7-60

05 单击工具栏中的 ◉ 按钮进行渲染,效果如图 7-61 所示,可以看见渲染图片上有斑点。

图 7-61

06 在视图中选择窗户外的 VR 灯光并单击 按钮进入修改命令面板，将它的"细分"数值设置为 6。单击工具栏中的 按钮进行渲染，效果如图 7-62 所示。

> **注意**
>
> VR 灯光的"细分"数值设置得越低，画面的噪点越多，渲染花费的时间越少。

图 7-62

07 在修改命令面板中将窗户外的 VR 灯光的"细分"数值设置为 12，单击工具栏中的 按钮进行渲染，效果如图 7-63 所示。

图 7-63

08 在视图中选择电视柜上端模拟灯槽的 VR 灯光并单击 按钮进入修改命令面板，它的"细分"数值设置为 8。单击工具栏中的 按钮进行渲染，如图 7-64 所示。

图 7-64

09 在视图中选择半球形的 VR 灯光并单击 ✎ 按钮进入修改命令面板，将它的"细分"数值设置为 8，如图 7-65 所示。

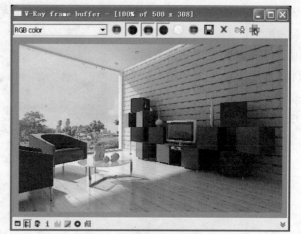

图 7-65

7.3.2 设置灯光参数提高阴影品质

当安装了 VRay 渲染器后，使用 3ds Max 9 的自带光源，光源修改命令面板的阴影选项组中将增加"VRay 阴影"，如图 7-66 所示。VRay 渲染器用"VRay 阴影"来模拟真实阴影，在渲染时 3ds Max 9 的默认光源最好都选择此类型的阴影，这样渲染图片的阴影质量会得到提高。

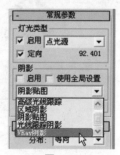

图 7-66

01 打开"案例相关文件 \ chapter07 \ 场景文件 \ 灯光提质测试场景 \ 灯光提质测试场景－max 自带光源阴影 .max"文件，如图 7-67 所示，场景模型都被赋予了不同的材质并设置了光源。

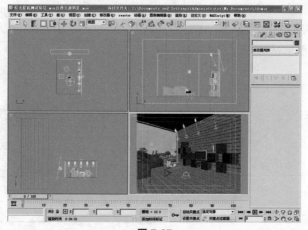

图 7-67

02 场景中窗户外的光线是用 Max 自带的自由面光源模拟的。在视图中选择自由面光源并单击 按钮进入修改命令面板，此时在光源的"阴影"下拉列表框中选择的是"阴影贴图"选项，如图 7-68 所示。

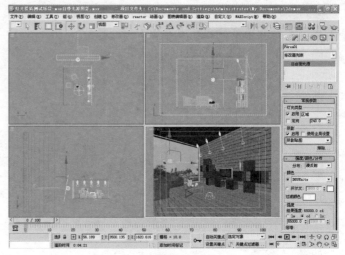

图 7-68

03 单击工具栏中的 按钮进行渲染，效果如图 7-69 所示，这时整个场景都显得比较灰暗。

图 7-69

04 在视图中选择自由面光源并单击 按钮进入修改命令面板，此时在光源的"阴影"下拉列表框中选择的是"VRay 阴影"选项，如图 7-70 所示。

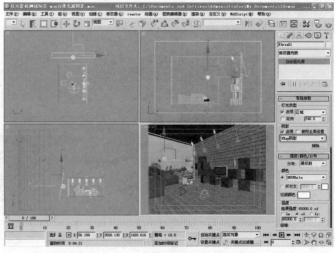

图 7-70

05 单击工具栏中的 ◎ 按钮进行渲染，效果如图 7-71 所示，这时场景整体亮度增强。

06 选择了"VRay 阴影"选项后将多出"VRay 阴影参数"卷展栏，用于控制阴影的质量。在默认情况下是选择了"透明阴影"复选框，当不选择此复选框时，单击工具栏中的 ◎ 按钮进行渲染，效果如图 7-72 所示。

图 7-71 图 7-72

07 将"偏移"数值设置为 0.2 时，单击工具栏中的 ◎ 按钮进行渲染，阴影偏移得比较少。将"偏移"数值设置为 200 时，单击工具栏中的 ◎ 按钮进行渲染，阴影偏移距离比较远，阴影的效果也更加柔和，如图 7-73 所示。

图 7-73

08 将阴影的"细分"数值设置为 1 时，单击工具栏中的 ◎ 按钮进行渲染，阴影质量一般。将"细分"数值设置为 20 时，单击工具栏中的 ◎ 按钮进行渲染，阴影质量得到提高，如图 7-74 所示。

图 7-74

> **!注意** 阴影的细分数值越高,渲染花费的时间越多,阴影的质量越高。阴影的细分数值越低,渲染花费的时间越少,阴影的质量越低。

　　使用 VRay 渲染器自带的光源,它们的修改命令面板中没有专门控制阴影的选项,此时阴影的虚实取决于灯光面积。

01 在 3ds Max 9 中打开随书光盘中的"案例相关文件 \ chapter07 \ 场景文件 \ 灯光提质测试场景 \ 灯光提质测试场景 – VRayLight 光源阴影 .max"文件,如图 7-75 所示,此时场景中的模型都被赋予了不同的材质并设置了光源。

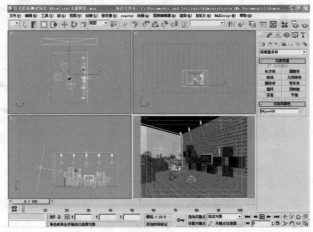

图 7-75

02 在视图中选择 VR 面光源并单击 按钮进入修改命令面板,它的参数设置如图 7-76 所示。

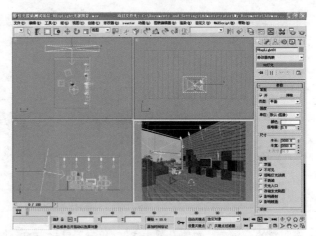

图 7-76

03 单击工具栏中的 按钮进行渲染,效果如图 7-77 所示。

图 7-77

04 在视图中选择 VR 灯光并单击 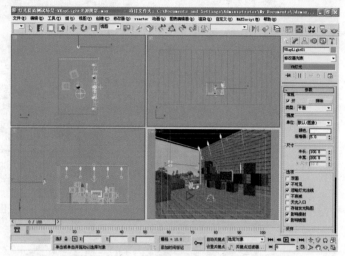 按钮进入修改命令面板，将光源的面积参数按如图 7-78 所示进行设置。

图 7-78

05 单击工具栏中的 按钮进行渲染，效果如图 7-79 所示。虽然灯光强度未改变仅改变了光源的面积，但场景亮度会降低。

图 7-79

06 在视图中选择 VR 灯光并单击 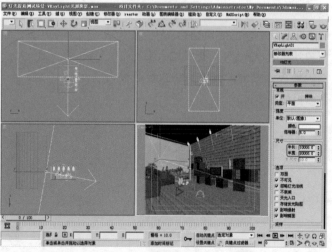 按钮进入修改命令面板，将光源的面积参数按如图 7-80 所示进行设置。虽然灯光强度未改变，只增加了光源的面积，但是场景亮度增强了。

图 7-80

07 单击工具栏中的 按钮进行渲染，效果如图 7-81 所示。

图 7-81

7.3.3 合理运用多种类型灯光提高画面品质

在制作效果图的时候必然涉及在场景中设置灯光。3ds Max 和 VRay 都有自己特有的光源，无论是那种光源都是模拟现实中多种类型的光源，因此大家在制作过程中要合理配合使用各类型的光源。切忌用一种光源模拟多种灯光，单一光源模拟的灯光往往达不到需要效果，渲染图片品质因而会受影响。

01 在 3ds Max 9 中打开随书光盘中的 "案例相关文件 \ chapter07 \ 场景文件 \ 灯光提质测试场景 \ 灯光提质测试场景－单一类型灯光 .max" 文件，如图 7-82 所示，此时场景中的模型都被赋予了不同的材质并设置了光源。

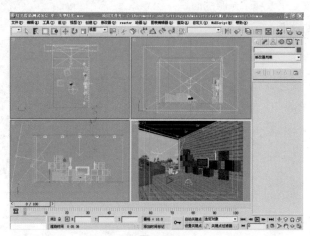

图 7-82

02 场景中全部使用 VR 灯光，其中窗户外面有一盏 VR 灯光模拟太阳光在室内地板上投射的光斑，它的参数设置面板如图 7-83 所示。

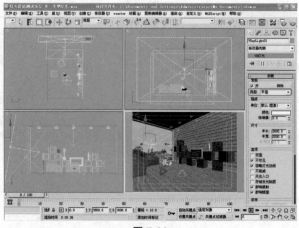

图 7-83

03 然后再用一盏 VR 灯光模拟环境光，它的参数设置面板如图 7-84 所示。

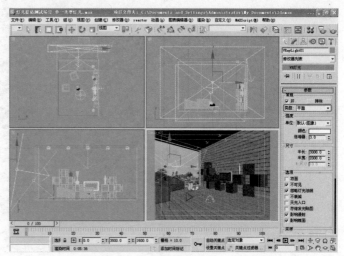

图 7-84

04 用一盏 VR 灯光的半球类型光源模拟天光，它的参数设置面板如图 7-85 所示。

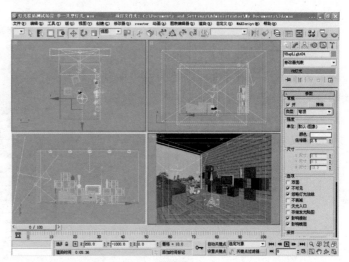

图 7-85

05 用一盏 VR 灯光的球形灯模拟台灯，它的参数设置面板如图 7-86 所示。

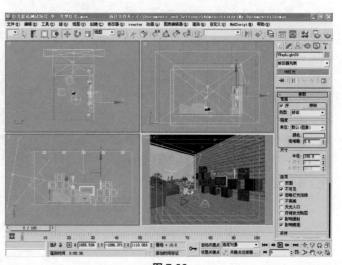

图 7-86

06 用多盏以"实例"方式复制的 VR 灯光模拟筒灯，它的参数设置面板如图 7-87 所示。

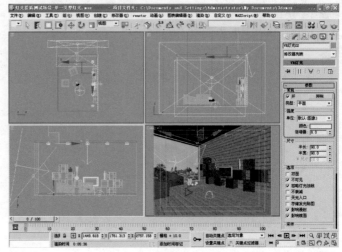

图 7-87

07 单击工具栏中的 按钮进行渲染，效果如图 7-88 所示。用 VR 灯光模拟太阳光在室内地板上投射的光斑和使用多盏以"实例"方式复制的 VR 灯光模拟筒灯，但是照射在墙上的光斑不能被成功模拟。

图 7-88

08 在 3ds Max 9 中打开随书光盘中的"案例相关文件\chapter07\场景文件\灯光提质测试场景\灯光提质测试场景—多种类型灯光 .max"文件，如图 7-89 所示。此场景也设置好了灯光，这里着重讲述模拟太阳光在室内地板上投射光斑的光源和模拟筒灯的光源，其他光源的设置和"灯光提质测试场景—单一类型灯光 .max"场景中的设置一致。

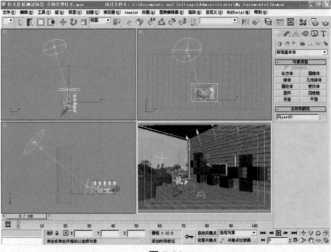

图 7-89

09 此场景使用 VR 灯光来模拟户外来的太阳光，它的参数设置如图 7-90 所示。

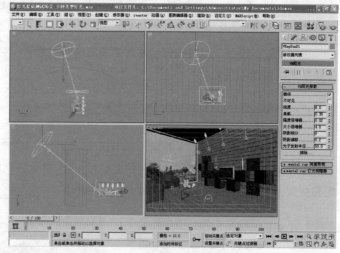

图 7-90

10 此场景使用目标点光源来模拟户外来的太阳光，它的参数设置如图 7-91 所示。这里为目标点光源指定了"筒灯-大.IES"光域网文件。

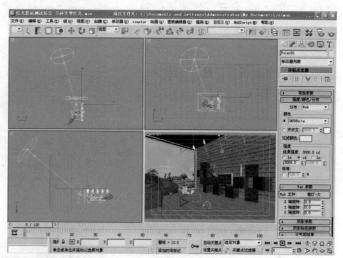

图 7-91

11 单击工具栏中的 按钮进行渲染，效果如图 7-92 所示。因为使用了其他类型的光源，渲染图片更具真实性，图片质量得到提高。

图 7-92

> **!注意** 当为场景设置灯光时，要注意场景中灯具的形状，从而选择适合的光源进行设置，合理运用多种类型光源。

7.4 从其他方面提高渲染质量

除了能够从模型、材质和灯光等方面提高渲染质量外，还可以通过调整饱和度参数数值和渲染光子贴图来控制溢色现象。

7.4.1 调整饱和度参数数值来控制溢色现象

溢色现象影响渲染图片的质量，本节来学习除了用材质来控制溢色外的其他控制溢色的方法。

在间接照明（GI）卷展栏中有饱和度参数，这个参数控制间接照明下渲染图片的饱和度，数值越高，饱和度越强。我们可以通过这个数值来控制溢色。

01 在 3ds Max 9 中打开随书光盘中的"案例相关文件 \ chapter07 \ 场景文件 \ 厨房 – 溢色 \ 厨房 – 溢色 .max"文件，如图 7-93 所示。我们通过这个例子来学习如何通过饱和度参数来控制溢色问题，此时场景中的模型都被赋予了不同的材质并设置了光源。

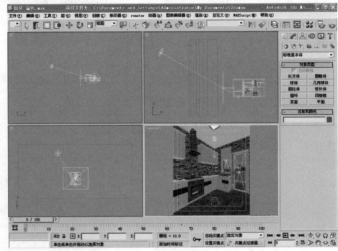

图 7-93

02 单击工具栏中的 按钮进行渲染，效果如图 7-94 所示。可以看见场景溢色问题很严重，渲染图片整体偏红。

图 7-94

03 展开"间接照明"(GI)卷展栏,此时"饱和度"参数数值为1,如图7-95所示。

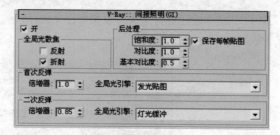

图 7-95

04 在"间接照明(GI)"卷展栏中将"饱和度"参数设置为0.8,如图7-96所示。

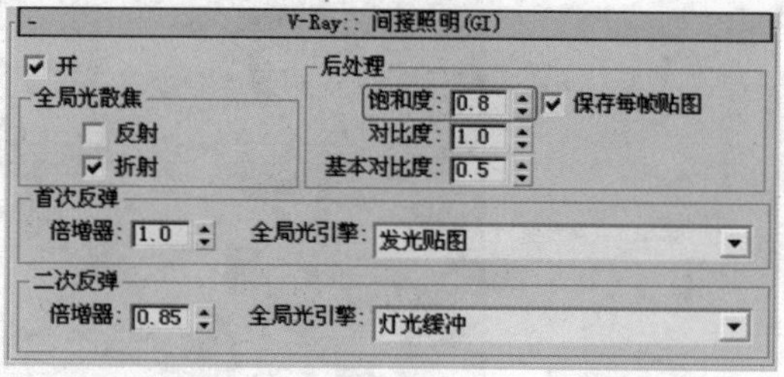

图 7-96

05 单击工具栏中的 按钮进行渲染,效果如图7-97所示,此时场景溢色问题略微减弱。

图 7-97

06 再次展开"间接照明(GI)"卷展栏,将"饱和度"参数设置为0.4,如图7-98所示。

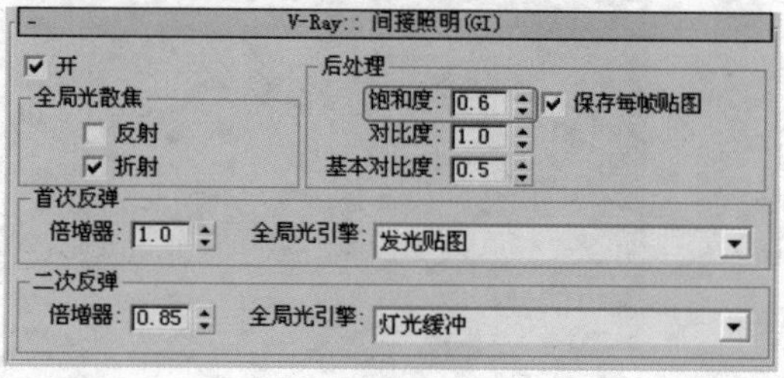

图 7-98

07 单击工具栏中的 按钮进行渲染，效果如图 7-99 所示。可以发现随着"饱和度"的降低场景溢色现象逐渐消失。

图 7-99

⓵ 注意 当降低"饱和度"参数后，渲染图片的溢色问题得到控制，但是场景中材质的饱和度也随之降低。

7.4.2 渲染光子贴图来控制溢色现象

溢色现象影响渲染图片的质量，本节来学习通过渲染光子贴图来控制溢色现象的方法。

01 在 3ds Max 9 中打开随书光盘中的"案例相关文件 \ chapter07 \ 场景文件 \ 厨房 – 溢色 \ 厨房 – 溢色 .max"文件，如图 7-100 所示。通过这个例子来学习如何通过饱和度参数来控制溢色问题，此时场景中的模型都被赋予了不同的材质并设置了光源。

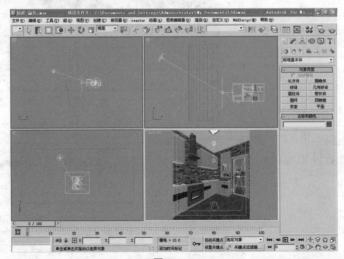

图 7-100

02 单击工具栏中的 ⚫ 按钮进行渲染，效果如图 7-101 所示。此时场景溢色问题很严重，渲染图片整体偏红。

图 7-101

03 在"全局开关"卷展栏中不选择"默认灯光"、"反射/折射"和"贴图"复选框，如图 7-102 所示。这样在计算发光贴图时将不计算默认灯光、材质的反射/折射和纹理贴图。

> **！注意**
>
> 溢色现象的产生主要依赖于材质的反射/折射、颜色和纹理贴图。

图 7-102

04 展开"图像采样（反锯齿）"卷展栏，选择"固定"采样器和"Catmull-Rom"抗锯齿过滤器，如图 7-103 所示。

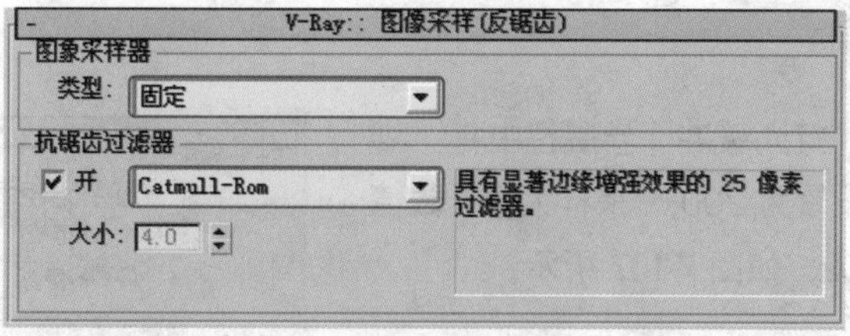

图 7-103

05 在"首次反弹"选项组中将"倍增器"参数设置为 1.0，在"全局光引擎"的下拉列表框中选择"发光贴图"选项。在"二次反弹"选项组中将"倍增值"参数设置为 0.85，在"全局光引擎"的下拉列表框中选择"灯光缓冲"选项，如图 7-104 所示。

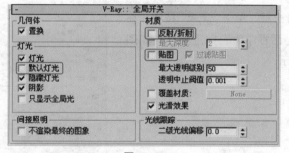

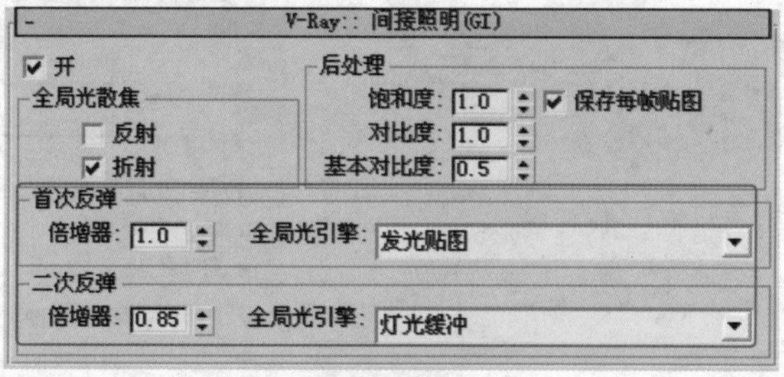

图 7-104

06 展开"发光贴图"卷展栏，准备保存发光贴图。在"模式"后的下拉列表框中选择"单帧"选项，接着单击 保存到文件 按钮，在弹出的对话框中为发光贴图命名为"溢色 -1"，单击 保存(S) 按钮，如图 7-105 所示。

图 7-105

07 然后在"发光贴图"卷展栏中选择"自动保存"和"切换到被保存的缓冲"复选框，单击 浏览 按钮，在弹出的对话框中为它指定路径，如图 7-106 所示。

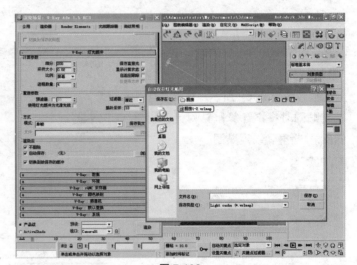

图 7-106

08 在"灯光缓冲"卷展栏中将"细分"数值设置为 200，"采样大小"数值设置为 0.02，如图 7-107 所示。

V-Ray:: 灯光缓冲

计算参数

细分：200
采样大小：0.02
比例：屏幕
进程数量：4

保存直接光 □
显示计算状态 ☑
自适应跟踪 □
仅使用方向 □

重建参数

预滤器：□ 10
使用灯光缓冲为光滑光线 □

过滤器：接近
插补采样：10

方式

模式：单帧
文件：

保存到文件
浏览

渲染后

☑ 不删除
☑ 自动保存：〈无〉
☑ 切换到被保存的缓冲

浏览

图 7-107

09 展开"rQMC 采样器"卷展栏，将"适应数量"设置为 0.85，"最小采样值"设置为 8，"澡波阈值"设置为 0.02，如图 7-108 所示。

图 7-108

10 单击 ⚫ 按钮进行渲染，渲染效果如图 7-109 所示。当渲染完成后，未计算材质的反射/折射和纹理贴图、发光贴图将自动保存在指定的路径处。

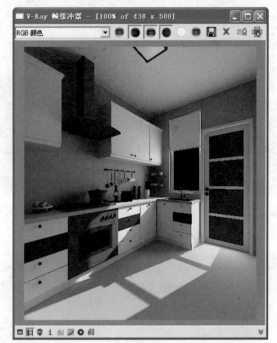

图 7-109

11 展开渲染器面板，在"公用参数"卷展栏"输出大小"选项组中的"宽度"数值设置为 438，"高度"数值设置为 500。在这里我们为了快速地看见效果，并没有将输出尺寸的值设置得很高，和渲染光子贴图设置的尺寸一样，如图 7-110 所示。

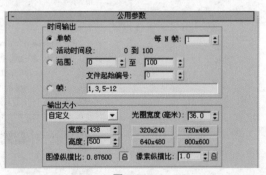

图 7-110

12 在"全局开关"卷展栏中选择"反射/折射"和"贴图"复选框，如图 7-111 所示。这次在渲染的时候就会计算材质的反射/折射和纹理贴图。

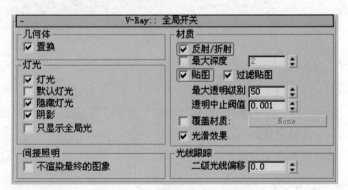

图 7-111

13 展开"图像采样（反锯齿）"卷展栏，选择"自适应准蒙特卡罗"图像采样器和"Catmull-Rom"抗锯齿过滤器，如图 7-112 所示。

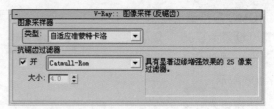

图 7-112

14 在"首次反弹"选项组中将"倍增器"设置为 1.0，在"全局光引擎"的下拉列表框中选择"发光贴图"选项。在"二次反弹"选项组中将"倍增器"设置为 0.85，在"全局光引擎"的下拉列表框中选择"灯光缓冲"选项，如图 7-113 所示。

图 7-113

15 展开"发光贴图"卷展栏中，在"当前预置"的下拉列表框中选择"高"选项，如图 7-114 所示。

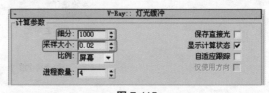

图 7-114

16 在"灯光缓冲"卷展栏中将"细分"数值设置为 1000，"采样大小"数值设置为 0.02，如图 7-115 所示。

图 7-115

17 展开"rQMC 采样器"卷展栏,将"适应数量"设置为 0.85,"最小采样值"设置为 15,"澡波阈值"设置为 0.005,如图 7-116 所示。

图 7-116

18 单击 ◉ 按钮进行渲染,此时的渲染效果如图 7-117 所示。可以看见场景的溢色现象得到了有效的控制,天花板的颜色恢复为白色。

图 7-117

读书笔记

提高效果图渲染速度

本章通过多个实例剖析了如何从模型、材质和灯光等方面提高渲染图片的速度。希望读者通过本章的学习能够迅速掌握提高渲染速度的方法和技巧，以更好地提高工作效率。

8.1 从模型方面提高渲染速度

在制作效果图时，模型面数的多少决定了图片最后渲染速度的快慢等。本节讲解了如何从模型方面提高渲染速度。

在打开场景模型时，首先要对场景模型的大小和面数等有所了解，然后再根据模型的特性设置渲染参数等，这样才能确保可以快速地渲染出高质量的图片。

优秀模型能提高渲染速度和渲染质量，怎样的模型才算优秀呢？本章讲述了制作优秀模型的方法，只有制作出优秀的模型才能提高渲染速度。模型的面数对渲染的速度有影响，尤其是使用 Lightscape 进行渲染效果体现得非常明显。当使用 VRay 进行渲染时，它对模型的面数虽然没有像 Lightscape 那样要求那么敏感，但是仍然有必要掌握优化模型的方法。

01 在 3ds Max 9 中打开随书光盘中的 "案例相关文件 \ chapter07 \ 场景文件 \ 厨房 \ 模型破面测试 .max" 文件，如图 8-1 所示。此时场景中的模型都被赋予了不同的材质并设置了光源。

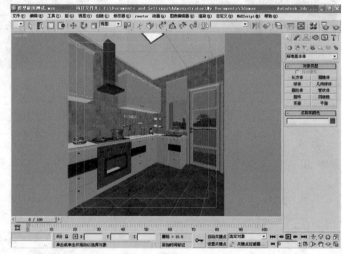

图 8-1

02 执行菜单栏中的 "文件 > 摘要信息" 命令，在弹出的对话框中可以看见此时场景模型的 "顶点" 数值为 77638，"面数" 数值为 91129，如图 8-2 所示。

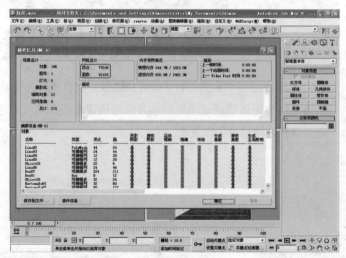

图 8-2

03 单击工具栏中的 按钮进行渲染，效果如图8-3所示，渲染耗时20分41.2秒。

图8-3

04 在摄影机视图的左上角单击鼠标右键，在弹出的对话框中选择"边面"选项进行显示，效果如图8-4所示。

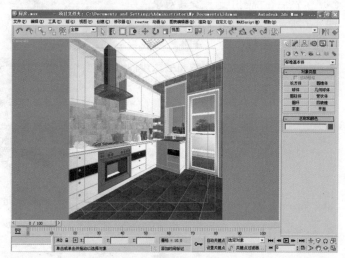

图8-4

05 然后在摄影机视图中选择抽油烟机下部，接着在"修改列表"的下拉列表框中选择MultiRes修改器添加给选择的对象。然后在单击 生成 按钮，在修改命令面板中将会显示所选择的对象的顶点数、面数，如图8-5所示。

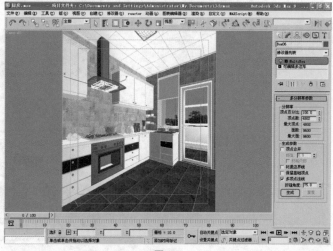

图8-5

06 在修改命令面板中将"顶点百分比"设置为70，此时选择对象的顶点数、面数将会减少，如图 8-6 所示。

> **！注意**
>
> 当在 MultiRes 修改命令面板中将"顶点百分比"设置为 70 时，选择对象的顶点数将减少为原来的 70%。

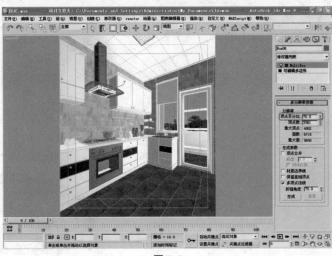

图 8-6

07 然后在视图中选择旋转对象，如图 8-7 所示。对于这类物体，可以直接在修改命令面板中将"分段"参数设置较低，这样选择对象面数将会减少。

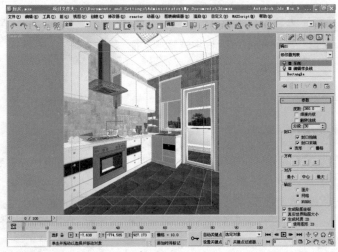

图 8-7

08 在修改命令面板中将"分段"数值设置为 24，选择对象面数将减少，如图 8-8 所示。

图 8-8

09 选择视图中的其他对象并对它们进行优化，然后再次执行菜单栏中的"文件 > 摘要信息"命令，在弹出的对话框中可以看见此时场景面数减少了，如图 8-9 所示。

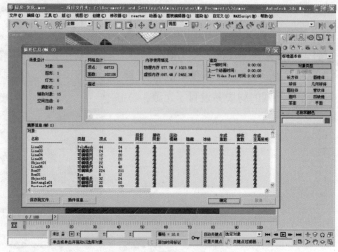

图 8-9

10 单击工具栏中的 按钮进行渲染，效果如图 8-10 所示。渲染时间减少，耗时 20 分 35.6 秒。

> ⚠️ **注意**
>
> 当模型的面数减少后，渲染花费的时间也将减少。

图 8-10

8.2 从材质方面提高渲染速度

在制作效果图时，材质的参数和类型也会影响渲染速度，本节讲解了如何从材质方面提高渲染速度。

8.2.1 使用 VR 代理材质来提高渲染速度

VR 代理材质是 VRay 1.5 RC3 的新增材质，灵活使用此材质也可以提高渲染速度。本节就学习如何使用它来提高渲染速度。

01 在 3ds Max 9 中打开随书光盘中的〝案例相关文件 \ chapter08 \ 场景文件 \ 欧式玄关 \ 欧式玄关 .max〞文件, 如图 8-11 所示。此时场景中的模型都被赋予了不同的材质并设置了光源。

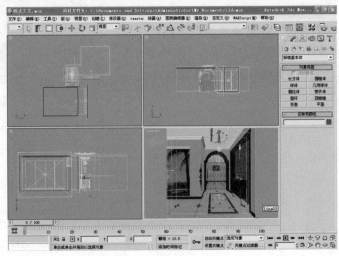

图 8-11

02 单击工具栏中的 ⊙ 按钮进行渲染, 效果如图 8-12 所示。渲染耗时 11 分 27.4 秒。

图 8-12

03 激活并放大顶视图, 可以看见场景中的主要照明光源是来自窗户口的两盏 VR 灯光。玄关顶上有灯槽, 也使用 VR 灯光光源来模拟。场景中的筒灯是使用目标点光源模拟的, 如图 8-13 所示。

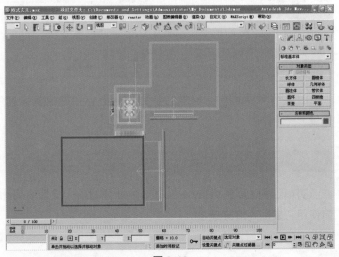

图 8-13

04 在视图中选择一盏 VR 灯光光源并单击 ✍ 按钮进入修改命令面板,它的参数设置如图 8-14 所示。

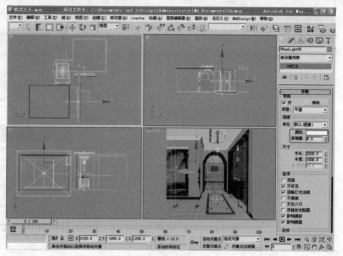

图 8-14

05 然后在视图中选择另一盏 VR 灯光光源并单击 ✍ 按钮进入修改命令面板,它的参数设置如图 8-15 所示。

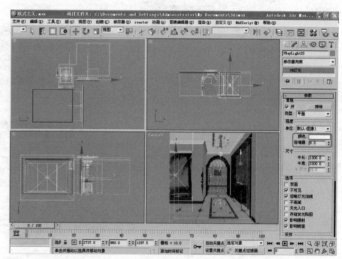

图 8-15

06 然后单击 按钮进入材质编辑面板,观察窗口的玻璃是如何设置的。展开"基本参数"卷展栏,如图 8-16 所示。

图 8-16

07 单击漫射后的 颜色按钮，可以看见它设置的颜色"红"、"绿"、"蓝"的数值都为 128，如图 8-17 所示。

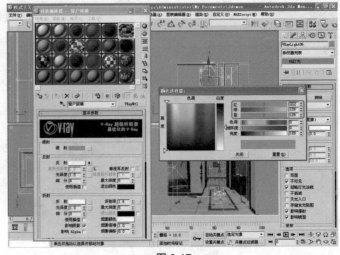

图 8-17

08 单击折射后的 颜色按钮，可以看见它设置的颜色"红"、"绿"、"蓝"的数值都为 255，如图 8-18 所示。

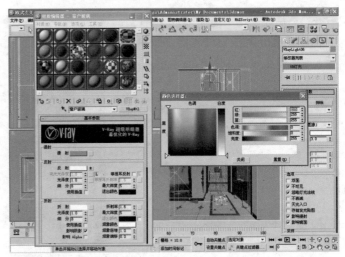

图 8-18

09 "反射"通道中添加了贴图，展开"贴图"卷展栏，可以看见其中添加了"衰减（Fall off）"贴图，如图 8-19 所示。

10 可以使用 VR 代理材质来模拟来自窗户的光线，然后删除窗口的 VR 灯光光源，这样就能提高渲染速度。

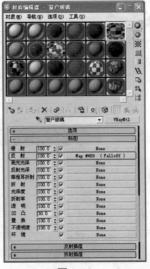

图 8-19

11 在"材质编辑器"上单击 VRayMtl 按钮,在弹出的"材质/贴图浏览器"中选择"VR代理材质"选项并单击 确定 按钮,如图8-20所示。

图8-20

12 在弹出的"替换材质"对话框中选择"将旧材质保存为子材质"单选按钮,如图8-21所示。这样原来指定的"VRayMtl材质"将成为"VR代理材质"的子材质。

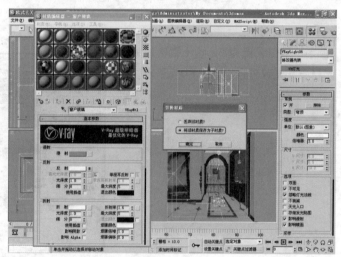

图8-21

13 VR材质包裹器的设置面板如图8-22所示,此时原来设置的材质成为了基本材质。

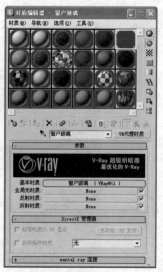

图8-22

14 单击"全局光材质"后的 None 按钮，在弹出的"材质/贴图浏览器"中选择"VR 灯光材质"选项并单击 确定 按钮，如图 8-23 所示。

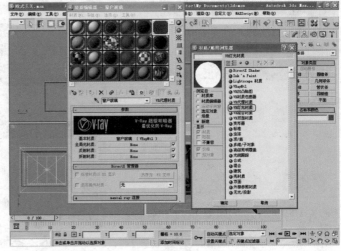

图 8-23

15 在 VR 灯光材质的设置面板上将"颜色"数值设置为 3，这个数值越大，此材质发光就越强，如图 8-24 所示。

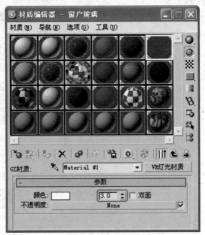

图 8-24

16 在视图中选择两盏 VR 灯光光源，在键盘上按 Delete 键将选择的对象删除，如图 8-25 所示。

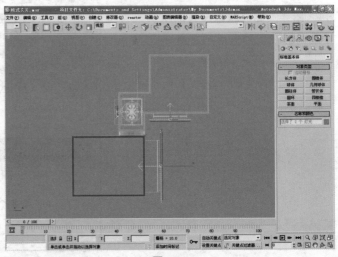

图 8-25

17 单击工具栏中的 👁 按钮进行渲染，效果如图 8-26 所示，此时场景整体偏暗。耗时 5 分 43.2 秒，渲染时间明显减少。

图 8-26

18 根据渲染图片可以看见窗口光线偏弱，因此在 VR 灯光材质的设置面板上将"颜色"数值设置为 5，如图 8-27 所示。

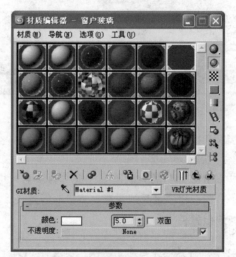

图 8-27

19 单击工具栏中的 👁 按钮进行渲染，效果如图 8-28 所示，此时场景变亮了些。耗时 5 分 53.8 秒，随着 VR 灯光材质的亮度增加，渲染时间略微增加。

图 8-28

20 根据渲染图片可以看见窗口光线仍然比较微弱，因此在 VR 灯光材质的设置面板上将"颜色"数值设置为 8.5，如图 8-29 所示。

21 单击工具栏中的 按钮进行渲染，效果如图 8-30 所示。耗时 6 分 8.3 秒，与使用 VR 灯光光源模拟窗口的光线相比，渲染速度大大提高。

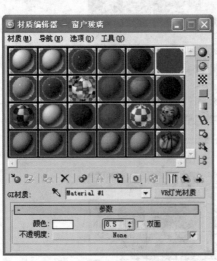

图 8-29

图 8-30

8.2.2 降低部分材质参数提高渲染速度

材质的光泽度和细分数值对场景的渲染速度都有影响。将材质的"光泽度"数值设置在 0~1.0 之间，当数值越趋近于 0 时，材质表面越粗糙，渲染时间越长。材质的"细分"数值设置得越高，材质渲染得越精细，渲染时间也越长。

01 在 3ds Max 9 中打开随书光盘中"案例相关文件 \ chapter08 \ 场景文件 \ 欧式玄关 \ 欧式玄关 . max"文件，如图 8-31 所示。此时场景中的模型都被赋予了不同的材质并设置了光源。

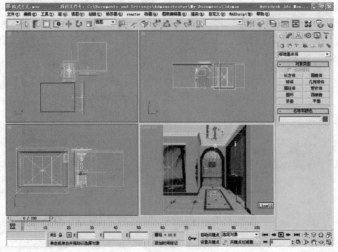

图 8-31

02 单击工具栏中的 ☑ 按钮进行渲染，效果如图 8-32 所示。渲染耗时 11 分 37.7 秒。

图 8-32

03 在 "材质编辑器" 中首先选择 "白色乳胶漆" 和 "黄色乳胶漆" 材质选项，并将它们的 "细分" 数值设置为 40，如图 8-33 和 8-34 所示。

图 8-33

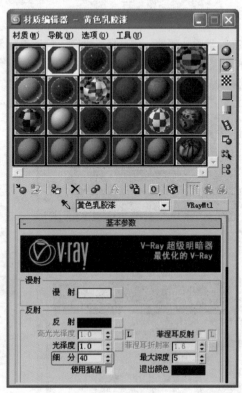

图 8-34

04 在"材质编辑器"中选择"木纹-1"材质选项,将它的"细分"数值设置为50,如图8-35所示。激活"窗户玻璃"材质选项,将它的"细分"数值设置为40,如图8-36所示。

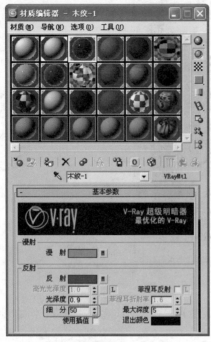

图 8-35

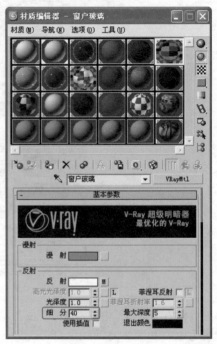

图 8-36

05 在"材质编辑器"中选择"地砖"材质选项和"地带"材质选项,将它们的"细分"数值设置为40,如图8-37和图8-38所示。

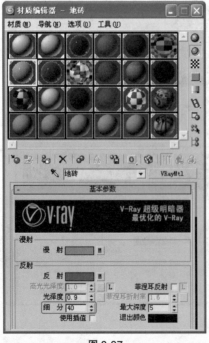

图 8-37

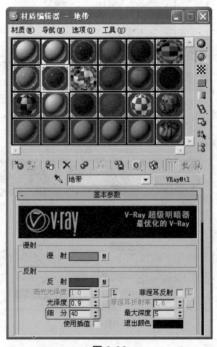

图 8-38

06 在"材质编辑器"中选择"墙砖"材质选项,将它的"细分"数值设置为 50,如图 8-39 所示。

07 单击工具栏中的 ⚙ 按钮进行渲染,效果如图 8-40 所示。渲染耗时 15 分 48.5 秒。此时渲染速度明显降低。平时在进行渲染测试时可以把这个数值设置得低些,在出正图时根据要求再设置高些。

图 8-39

图 8-40

08 在"材质编辑器"中选择"木纹 -1"材质选项,将它的"光泽度"数值设置为 1,如图 8-41 所示。然后激活"地砖"材质选项,将它的"光泽度"数值设置为 1,如图 8-42 所示。

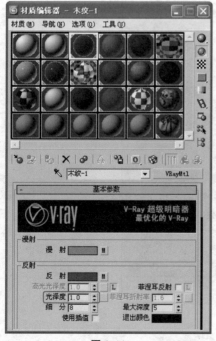

图 8-41

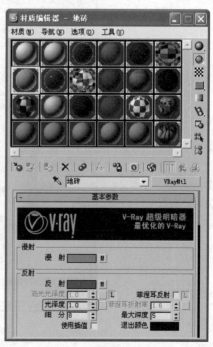

图 8-42

09 在"材质编辑器"中选择"地带"材质选项,将它的"光泽度"数值设置为1,如图 8-43 所示。然后激活"墙砖"材质选项,将它的"光泽度"数值设置为1,如图 8-44 所示。

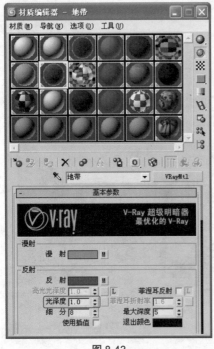

图 8-43

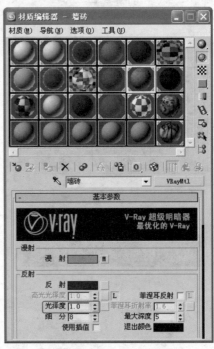

图 8-44

10 单击工具栏中的 按钮进行渲染,效果如图 8-45 所示。渲染耗时 10 分 16.7 秒,渲染时间略微缩短。

图 8-45

8.3 从灯光方面提高渲染速度

本章介绍了通过渲染光子贴图和运用同一光子贴图渲染场景中其他角度的方法来提高效果图的出图速度。在每次进行渲染时，都要计算一次光子贴图，在计算光子贴图时将耗费大量时间。这里就将开始计算好的小光子贴图进行保存，在渲染正图或其他角度的正图时，直接调用以前保存的小光子贴图即可。无须再次计算光子贴图，这样可以节省大量的渲染时间。

8.3.1 通过渲染发光贴图提高渲染速度

01 在 3ds Max 9 中打开随书光盘中的"案例相关文件\chapter08\场景文件\现代餐厅\现代餐厅.max"文件，如图 8-46 所示。

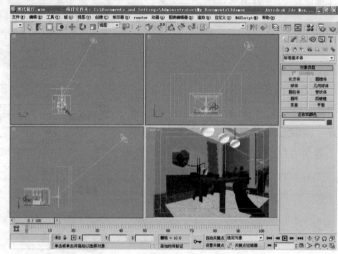

图 8-46

02 展开"图像采样（反锯齿）"卷展栏，选择"固定"图像采样器和Catmull-Rom 抗锯齿过滤器，如图 8-47所示。

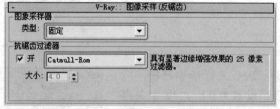

图 8-47

03 在"首次反弹"选项组中将"倍增器"数值设置为 1.0，在"全局光引擎"的下拉列表框中选择"发光贴图"选项。在"二次反弹"选项组中将"倍增器"数值设置为 0.85，在"全局光引擎"的下拉列表框中选择"灯光缓冲"选项，如图 8-48 所示。

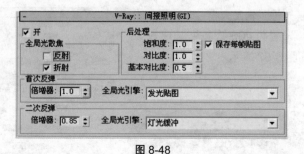

图 8-48

04 展开"发光贴图"卷展栏，准备保存发光贴图。在"模式"选项的下拉列表框中选择"单帧"选项，然后单击 保存到文件 按钮，在弹出的对话框中为发光贴图命名为"角度1-1"，单击 保存(S) 按钮，如图8-49所示。然后在"发光贴图"卷展栏中选择"不删除"和"自动保存"复选框，单击 浏览 按钮，在弹出的对话框中为它指定路径。

图 8-49

05 在"灯光缓冲"卷展栏中将"细分"数值设置为200，"采样大小"数值设置为0.02，如图8-50所示。

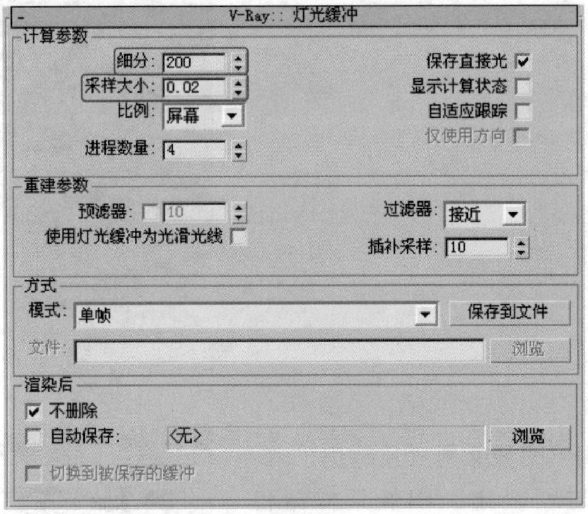

图 8-50

06 展开 rQMC 采样器卷展栏，将"适应数量"设置为0.85，"最小采样值"设置为8，"澡波阈值"设置为0.02，如图8-51所示。

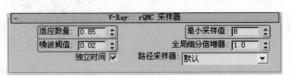

图 8-51

07 首先将"输出大小"选项组中的"宽度"设置为400，"高度"设置为300，如图8-52所示。

> **！注意**
>
> 渲染发光贴图时可以将图片尺寸渲染得小一些，一般与正图的比例为1:3。这个比例可以确保正图的画面质量。

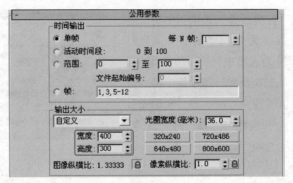

图 8-52

08 单击 按钮进行渲染，此时的渲染效果如图 8-53 所示，耗时 4 分 16 秒。

图 8-53

09 当渲染完成后，发光贴图将自动保存在指定的路径处。展开"发光贴图"卷展栏，在"方式"选项组中可进行相关设置。

图 8-54

10 当发光贴图保存后，就准备出正图。为了获得高质量的渲染图，在出正图前将各项渲染参数的数值都设置得高一些。首先将"输出大小"选项组中的"宽度"和"高度"分别设置为1600 和 1200，如图 8-55 所示。

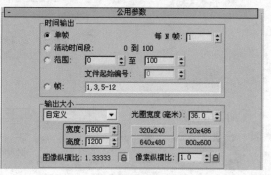

图 8-55

11 展开"间接照明（GI）"卷展栏，在"首次反弹"选项组中将"倍增器"数值设置为1.0，在"全局光引擎"后的下拉列表框中选择"发光贴图"选项。在"二次反弹"选项组中将"倍增器"数值设置为0.85，在"全局光引擎"后的下拉列表框中选择"灯光缓冲"选项，如图 8-56 所示。

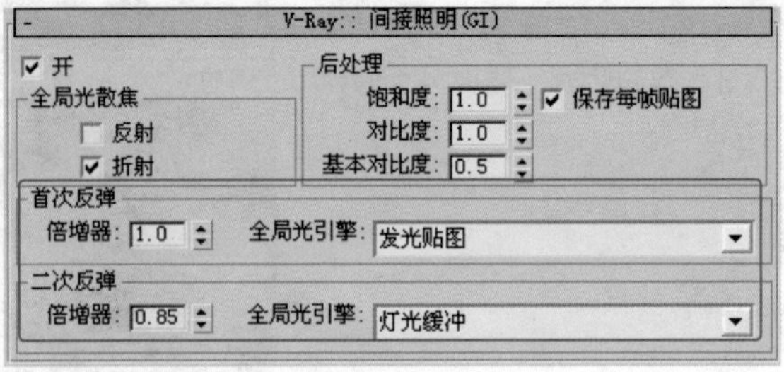

图 8-56

12 展开"发光贴图"卷展栏，在"当前预置"后的下拉列表框中选择"高"选项，如图 8-57 所示。

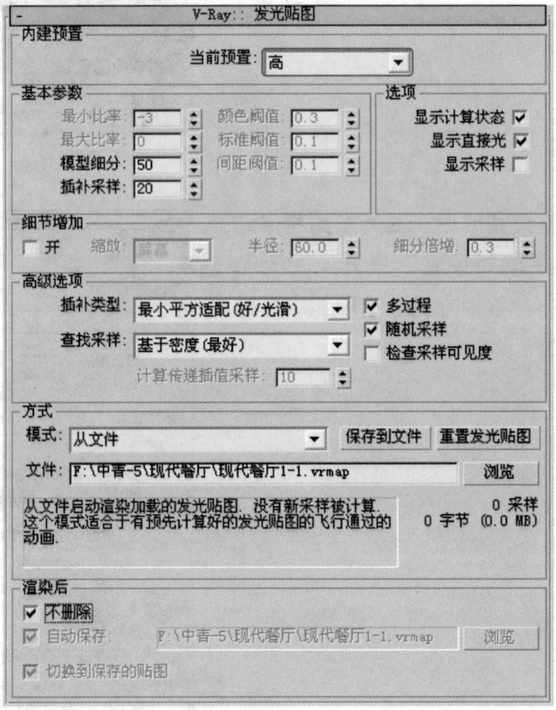

图 8-57

13 在"灯光缓冲"卷展栏中将"细分"设置为1000，"采样大小"设置为0.02，如图 8-58 所示。

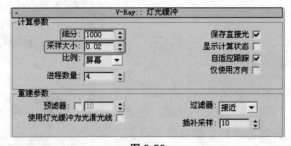

图 8-58

14 展开"rQMC 采样器"卷展栏，将"适应数量"设置为0.85，"最小采样值"设置为15，"澡波阈值"设置为0.005，如图 8-59 所示。

图 8-59

15 单击 按钮进行渲染，此时的渲染效果如图 8-60 所示。当使用保存的发光贴图渲染大图时，就无须再次计算发光贴图，这样就节省了大量的时间。

！注意

渲染发光贴图时可以将各项参数都设置得低一些，这样发光贴图的渲染时间将会缩短。最后渲染正图的时候再将各项的参数提高，这样可以节省渲染时间。

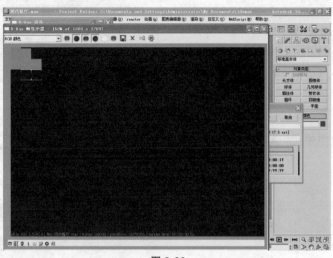

图 8-60

16 在摄影机视图的左上角单击鼠标右键，在弹出的关联菜单中选择 Camera02 选项，转换为摄影机视图，如图 8-61 所示。

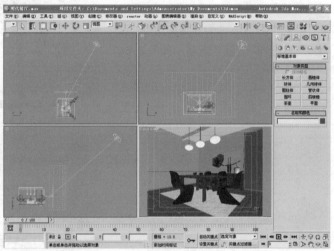

图 8-61

17 单击视图右下方的 按钮，将 Camera02 视图进行最大化显示，如图 8-62 所示。

图 8-62

18 单击 ⊙ 按钮进行渲染，使用名称为"角度 1-1"的发光贴图渲染 Camera02 视图，效果如图 8-63 所示。渲染图片的左上角明显地出现错误，这是因为"角度 1-1"的发光贴图只计算了 Camera02 角度的信息，没有计算其他角度的发光信息。

图 8-63

19 这里需要对原来保存的发光贴图进行修复。展开"发光贴图"卷展栏，在"模式"后的下拉列表框中选择"增量添加到当前贴图"选项，如图 8-64 所示。

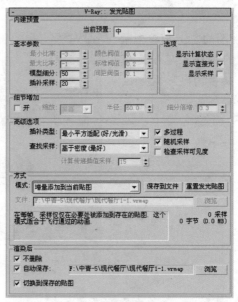

图 8-64

20 单击 ⊙ 按钮进行渲染，当渲染完成后，发光贴图将自动进行修复，此时渲染如图 8-65 所示，渲染图片左上角未出现错误。

图 8-65

21 当发光贴图修复完成后，就准备出正图。为了获得高质量的渲染图，在出正图前将各项渲染参数的数值都设置得高一些。单击 按钮进行渲染，此时的渲染效果如图 8-66 所示。当使用修复的发光贴图来渲染大图时，就无须再次计算新的发光贴图，从而节省了时间。

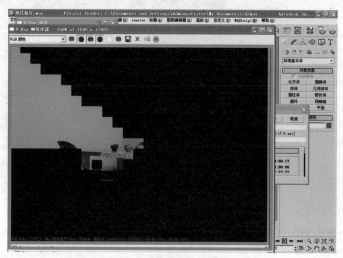

图 8-66

8.3.2 通过优化灯光细分数值来提高渲染速度

面光源的细分数值高了，虽然能够提高图片的质量，但是如果将面光源的细分数值设置得过高，就会耗费大量的渲染时间。因此，要适当地降低面光源的细分数值来提高渲染速度。这就需要把握这个细分数值的界限，面光源的细分数值既不能太高也不能太低。

01 在 3ds Max 9 中打开随书光盘中的"案例相关文件 \ chapter08 \ 场景文件 \ 现代餐厅 \ 现代餐厅.max"文件，如图 8-67 所示，观察此场景，可以看见共有 2 盏 VR 灯光光源。

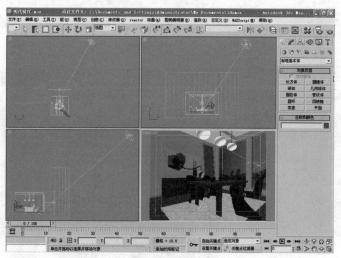

图 8-67

02 选择窗户最外面的一盏 VR 灯光
光源并单击 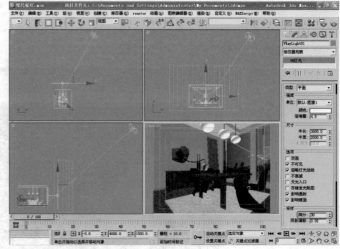 按钮进入修改命令面板，
在修改命令面板中可以看见选择光源的
"细分"数值被设置为 30，如图 8-68
所示。

图 8-68

03 选择窗户外面最近的一盏 VR 灯
光光源并单击 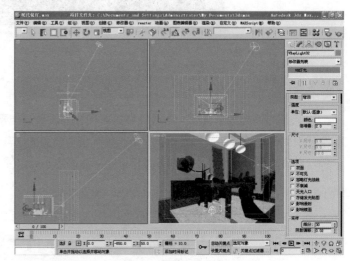 按钮进入修改命令面
板，在修改命令面板中可以看见选择光
源的"细分"数值被设置为 30，如图
8-69 所示。

图 8-69

04 然后单击 按钮进行渲染，完
成渲染耗时 8 分 14.2 秒，效果如图 8-70
所示。

图 8-70

05 选择窗户最外面的一盏 VR 灯光
光源并单击 ✍ 按钮进入修改命令面板，
在修改命令面板中将选择光源的"细
分"数值设置为 1，如图 8-71 所示。

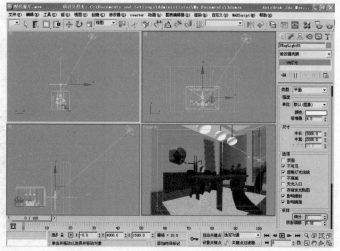

图 8-71

06 单击 ◎ 按钮进行渲染，完成渲
染耗时 6 分 30.7 秒，效果如图 8-72 所
示。虽然渲染时间缩短了许多，但渲染
画面上出现了许多噪点。

图 8-72

07 选择视图中的半秋灯光源并单击
✍ 按钮进入修改命令面板，在修改命
令面板中将选择光源的"细分"数值设
置为 1，如图 8-73 所示。

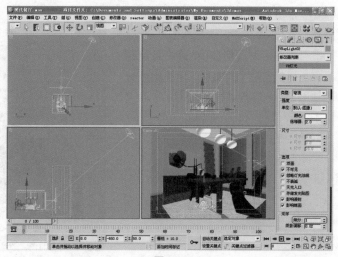

图 8-73

08 单击 👁 按钮进行渲染，完成渲染耗时 2 分 28.6 秒，效果如图 8-74 所示。虽然渲染时间缩短了许多，但渲染画面上的噪点现象变得更加严重。

图 8-74

09 现在来提高光源的细分数值，看看有什么变化。选择窗户外面的一盏 VR 灯光光源并单击 ✏ 按钮进入修改命令面板，在修改命令面板中将选择光源的"细分"数值设置为 20，如图 8-75 所示。

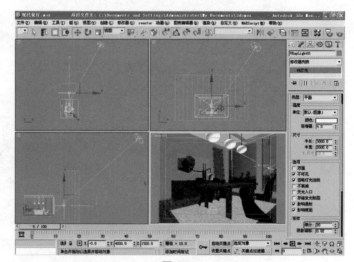

图 8-75

10 单击 👁 按钮进行渲染，完成渲染耗时 4 分 39.9 秒，效果如图 8-76 所示。虽然渲染时间增加了一点，且渲染画面上仍然布满了的噪点，但是比细分值都为 1 时的噪点减少了。

图 8-76

11 选择场景中的半球光源并单击 按钮进入修改命令面板，在修改命令面板中将选择光源的"细分"数值设置为 15，如图 8-77 所示。

图 8-77

12 单击 按钮进行渲染，完成渲染耗时 3 分 51.1 秒，效果如图 8-78 所示。渲染时间又延长了一些，但画面上的噪点大大减少了。

图 8-78

PART 4

第四篇 速度质量均衡篇

VRay 渲染器是优秀的光能渲染系统，速度和质量的平衡一直是使用此软件的技术难点。有的用户使用 VRay 渲染不大的场景也需要十多个小时，中途还会报错退出 3ds Max，这就是没掌握好速度和质量的平衡点，将渲染参数设置太高造成的。本篇分为 3 个章节，采用梳妆间、卧室、欧式走廊 3 个大型实例从多方面阐述如何控制速度和质量的平衡点。希望读者通过本篇的学习能够迅速掌握控制渲染质量和速度的平衡点，从而制作出兼顾质量与品质的优秀作品。

Chapter 9

实例 1—— 梳妆间

　　本章表现的是阳光照射下的梳妆间，欧式的设计风格使这个空间显得高
贵典雅。窗户让更多阳光透射到室内，让室内家具在阳光的滋养下使富有
活力而不沉闷，富贵而不张扬的欧式梳妆间充满自然气息，总在不经意
间流露出主人不凡的品位。

9.1 梳妆间模型中材质的制作

当在 3ds Max 9 中打开梳妆间模型后，打开材质编辑器，在材质编辑器中设置好材质，接着为场景中的物体赋予相应的材质。

本节重点学习梳妆间场景中墙纸、地板、梳妆台材质、镜子和金属等材质的制作。

01 在菜单栏中执行"文件 > 打开"命令，在弹出的"打开文件"对话框中选择随书光盘中的"案例相关文件 \ chapter09 \ 场景文件 \ 欧式梳妆间 1.max"文件，如图 9-1 所示。

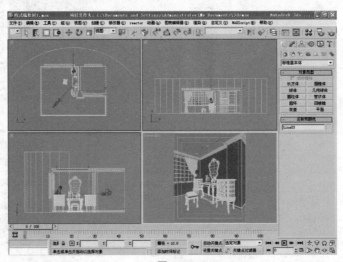

图 9-1

02 在工具栏中单击 ⠿ 按钮，打开材质编辑器。在材质编辑器中激活空白材质球，如图 9-2 所示。

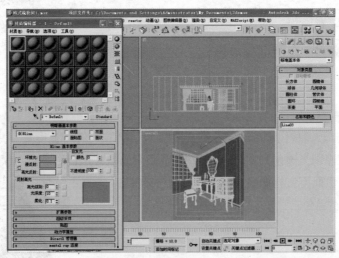

图 9-2

> ❗ **注意**　在键盘上按 M 键也可以打开材质编辑器。

03 在"材质编辑器"的 ✎ 按钮后将激活的材质球命名为"墙纸-1"。单击材质设置面板中的 Standard 按钮，在弹出的"材质/贴图浏览器"中选择 VRayMtl 选项，首先将材质其定义为 VRayMtl 材质。展开"贴图"卷展栏，单击"漫射"通道后的 None 按钮，在"材质/贴图浏览器"中选择"位图"贴图并指定随书光盘中的"案例相关文件\chapter09\场景文件\墙纸-1.jpg"文件。接着用鼠标将"漫射"通道后的贴图拖动到"凹凸"通道，在弹出的"实例（副本）贴图"对话框中选择"复制"方式，如图9-3所示。然后展开"基本参数"卷展栏，将"光泽度"设置为1，如图9-4所示。

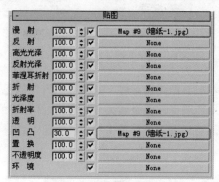

图 9-3

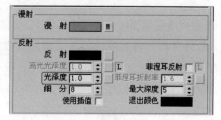

图 9-4

> **⚠ 注意** 当选择"复制"方式后，"漫射"通道和"凹凸"通道的贴图不关联，即修改"漫射"通道中贴图的参数时，"凹凸"通道的贴图将不发生相应变化。

04 单击材质设置面板中的 VRayMtl 按钮，在弹出的"材质/贴图浏览器"中选择"VR材质包裹器"选项，将 VRayMtl 材质转化为 VR材质包裹器材质。在"VR材质包裹器参数"设置面板中将"产生全局照明"数值设置为0.4，如图9-5所示，这样能防止材质溢色。设置好以后的"墙纸-1"如图9-6所示。在视图中选择墙体对象，然后单击材质编辑器中的 ⬚ 按钮，将材质赋予所选择的对象。

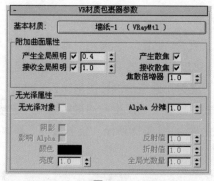

图 9-5

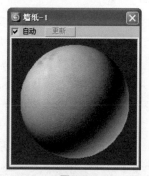

图 9-6

05 在"材质编辑器"中激活新的材质球，并命名为"木地板-1"。单击材质设置面板中的 Standard 按钮，在弹出的"材质/贴图浏览器"中选择 VRayMtl 选项。展开"贴图"卷展栏，单击"漫射"通道后的 None 按钮，在"材质/贴图浏览器"中选择"位图"贴图并指定随书光盘中的"案例相关文件\chapter09\场景文件\木地板-1.jpg"文件。接着用鼠标将"漫射"通道后的贴图拖动到"凹凸"通道，在弹出的"实例（副本）贴图"对话框中选择"复制"方式。接着在"反射"通道中添加"衰减（Fall off）"贴图，在"环境"通道中添加"输出（Output）"贴图，如图9-7所示。然后展开"基本参数"卷展栏，将"光泽度"数值设置为0.85，如图9-8所示。

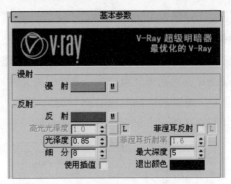

图 9-7　　　　　　　　　　　　　　　　　　　图 9-8

06 单击材质设置面板中的 VRayMtl 按钮,在弹出的"材质/贴图浏览器"中选择"VR 材质包裹器"选项。在"VR 材质包裹器参数"设置面板中将"产生全局照明"数值设置为 0.4,如图 9-9 所示。设置好以后的"木地板−1"如图 9-10 所示。在视图中选择地板对象,然后单击材质编辑器中的 按钮,将材质赋予选择对象。

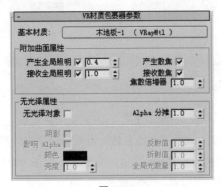

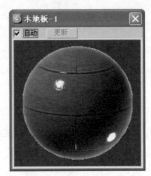

图 9-9　　　　　　　　　　　　　　　　　　　图 9-10

07 在"材质编辑器"中激活新的材质球并命名为"木纹 -1"。单击材质设置面板中的 Standard 按钮,在弹出的"材质/贴图浏览器"中选择 VRayMtl 选项。展开"贴图"卷展栏,单击"漫射"通道后的 None 按钮,在"材质/贴图浏览器"选择"位图"贴图并指定随书光盘中的"案例相关文件 \ chapter09 \ 场景文件 \ 木纹−1.jpg"文件。接着用鼠标将"漫射"通道后的贴图拖动到"凹凸"通道,在弹出的"实例(副本)贴图"对话框中选择"复制"方式。接着在"反射"通道中添加"衰减(Falloff)"贴图,在"环境"通道中添加"输出(Output)"贴图,如图 9-11 所示。接着展开"基本参数"卷展栏,将"光泽度"数值设置为 0.85,如图 9-12 所示。

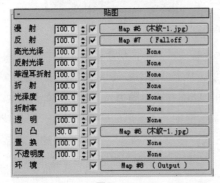

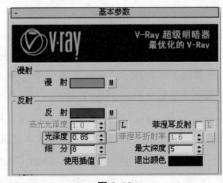

图 9-11　　　　　　　　　　　　　　　　　　图 9-12

08 单击材质设置面板中的 VRayMtl 按钮，在弹出的"材质/贴图浏览器"中选择"VR 材质包裹器"选项。在"VR 材质包裹器参数"设置面板中将"产生全局照明"数值设置为 0.4，如图 9-13 所示。设置好以后的"木纹 -1"如图 9-14 所示。在视图中选择梳妆台对象，接着单击材质编辑器中的 按钮，将材质赋予所选择的对象。

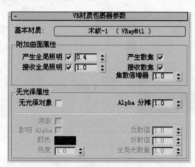

图 9-13

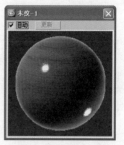

图 9-14

> ⚠️ **注意** 开始设置的"VRayMtl"材质为"VR 材质包裹器"的子材质。

09 在"材质编辑器"中激活新的材质球并命名为"梳妆椅布纹"。展开"贴图"卷展栏，单击"漫射"通道后的 None 按钮，在"材质/贴图浏览器"中选择"位图"贴图并指定随书光盘中的"案例相关文件 \ chapter09 \ 场景文件 \ 布纹－1.jpg"文件。接着用鼠标将"漫射"通道后的贴图拖动到"凹凸"通道，在弹出的"实例（副本）贴图"对话框中选择"复制"方式。接着在"自发光"通道中添加"遮罩（Mask）"贴图，如图 9-15 所示。然后展开 Oren-Nayar-Blinn 基本参数卷展栏，如图 9-16 所示进行设置。

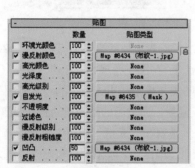

图 9-15

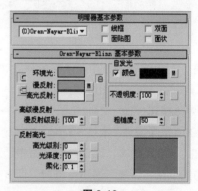

图 9-16

10 设置好的"梳妆椅布纹"材质球如图 9-17 所示。在视图中选择梳妆椅对象，接着单击材质编辑器中的 按钮，将材质赋予选择对象。

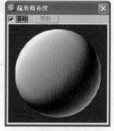

图 9-17

11 在"材质编辑器"中激活新的材质球并命名为"梳妆台银镜"。单击材质设置面板中的 Standard 按钮，在弹出的"材质/贴图浏览器"中选择 VRayMtl 选项。单击"漫射"后的 ████ 按钮，在弹出的"颜色选择器"面板中选择"红"、"绿"、"蓝"都为 100 的颜色，如图 9-18 所示。单击"反射"后的 ████ 按钮，在弹出的"颜色选择器"面板中选择"红"、"绿"、"蓝"都为 200 的颜色，如图 9-19 所示。

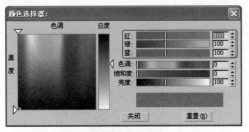

图 9-18

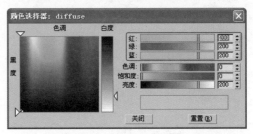

图 9-19

12 接着展开"基本参数"卷展栏，将"光泽度"数值设置为 1.0，如图 9-20 所示。设置好的"梳妆台银镜"材质球如图 9-21 所示。在视图中选择镜子对象，接着单击"材质编辑器"中的 █ 按钮，将材质赋予选择对象。

图 9-20

图 9-21

13 在"材质编辑器"中激活新的材质球并命名为"木纹 -2"。单击材质设置面板中的 Standard 按钮，在弹出的"材质/贴图浏览器"中选择 VRayMtl 选项。展开"贴图"卷展栏，单击"漫射"通道后的 None 按钮，在"材质/贴图浏览器"中选择"位图"贴图并指定随书光盘中的"案例相关文件 \ chapter09 \ 场景文件 \ 木纹－2.jpg"文件。接着用鼠标将"漫射"通道后的贴图拖动到"凹凸"通道，在弹出的"实例（副本）贴图"对话框中选择"复制"方式。接着在"反射"通道中添加"衰减（Falloff）"贴图，在"环境"通道中添加"输出（Output）"贴图，如图 9-22 所示。接着展开"基本参数"卷展栏，将"光泽度"数值设置为 0.85，如图 9-23 所示。

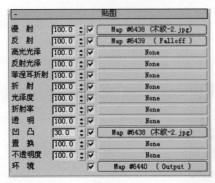

图 9-22

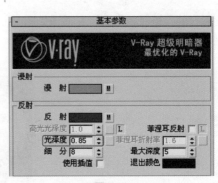

图 9-23

14 设置好以后的"木纹-2"材质球如图 9-24 所示。在视图中选择梳妆台对象，接着单击材质编辑器中的 按钮，将材质赋予选择对象。

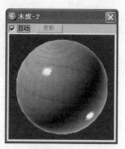

图 9-24

15 在"材质编辑器"中激活新的材质球并命名为"梳妆台金属"。单击材质设置面板中的 Standard 按钮，在弹出的"材质/贴图浏览器"中选择 VRayMtl 选项。单击"漫射"后的 按钮，在弹出的"颜色选择器"中选择"红"为 80、"绿"为 47、"蓝"都为 0 的颜色，如图 9-25 所示。单击"反射"后的 按钮，在弹出的"颜色选择器"面板中选择"红"、"绿"、"蓝"都为 150 的颜色，如图 9-26 所示。

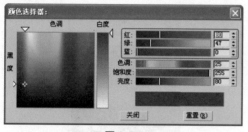

图 9-25

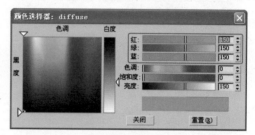

图 9-26

16 接着展开"基本参数"卷展栏，将"光泽度"数值设置为 0.85，如图 9-27 所示。设置好以后的"木纹-2"材质球如图 9-28 所示。在视图中选择镜子边缘，接着单击"材质编辑器"中的 按钮，将材质赋予选择对象。

图 9-27

图 9-28

17 在"材质编辑器"中激活新的材质球并命名为"地球仪地图"。单击材质设置面板中的 Standard 按钮，在弹出的"材质/贴图浏览器"中选择 VRayMtl 选项。单击"漫射"后的 按钮，在弹出的"颜色选择器"中选择"红"、"绿"、"蓝"都为 80 的颜色，如图 9-29 所示。单击"反射"后的 按钮，在弹出的"颜色选择器"面板中选择"红"、"绿"、"蓝"都为 160 的颜色，如图 9-30 所示。

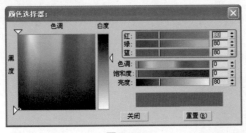

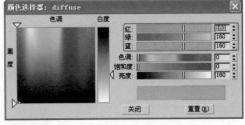

图 9-29 图 9-30

18 单击材质设置面板中的 Standard 按钮，在弹出的"材质/贴图浏览器"中选择 VRayMtl 选项。展开"贴图（Map）"卷展栏，单击"凹凸"通道后的 None 按钮，在弹出的"材质/贴图浏览器"选择"位图"贴图并指定随书光盘中的"案例相关文件 \ chapter09 \ 场景文件 \ 地图-Bump.jpg"文件，如图 9-31 所示。接着展开"基本参数"卷展栏，将"光泽度"数值设置为 0.85，设置好以后的"地球仪地图"材质球如图 9-32 所示。在视图中选择地球仪对象，接着单击材质编辑器中的 按钮，将材质赋予选择对象。

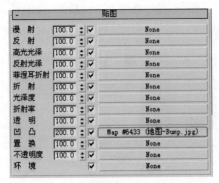

图 9-31

图 9-32

19 场景中的对象都赋予了材质后，效果如图 9-33 所示。

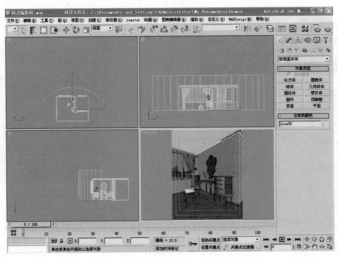

图 9-33

9.2 在梳妆间场景模型中设置灯光

当梳妆间的场景模型都指定了相应的材质后，就打开灯光创建命令面板，为场景创建灯光并设置灯光参数。

01 单击灯光创建命令面板中的 VR灯光 按钮，在后视图中创建一盏面光源，如图 9-34 所示。

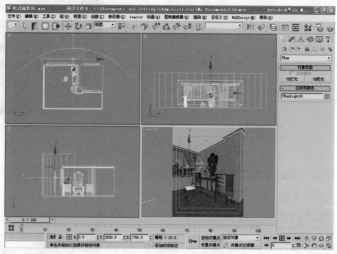

图 9-34

> **注意** 当 VR 灯光创建完成后，需要在视图中将光源移动到合适的位置。仅仅在一个视图中是不能确定光源位置的，至少需要两个视图才能去顶光源的位置。

02 单击 ✎ 按钮进入修改命令面板，首先在修改命令面板中将"半长"数值设置为 3800，"半宽"数值设置为 1400，接着将"倍增器"数值设置为 4，如图 9-35 所示。单击工具栏中的 ◎ 按钮进行渲染，效果如图 9-36 所示。

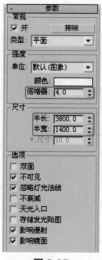

图 9-35

图 9-36

03 接着在修改命令面板中将"倍增器"数值设置为 10, 如图 9-37 所示。单击工具栏中的 按钮进行渲染, 效果如图 9-38 所示。

图 9-37　　　　　　图 9-38

04 再次将修改命令面板中的"倍增器"数值设置为 16, 如图 9-39 所示。单击工具栏中的 按钮进行渲染, 效果如图 9-40 所示。

图 9-39　　　　　　图 9-40

05 单击灯光创建命令面板中的 **VR灯光** 按钮, 在视图中创建一盏面光源。单击 按钮进入修改命令面板, 首先在修改命令面板中将"半长"数值设置为 1100, "半宽"数值设置为 1350, 接着将"倍增器"数值设置为 14, 如图 9-41 所示。

! 注意

"半长"和"半宽"指的是 VR 灯光长度和宽度的一半数值。

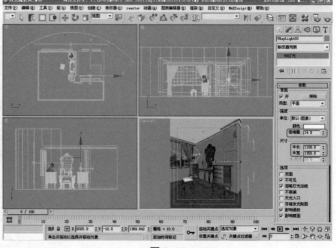

图 9-41

06 单击灯光创建命令面板中的 **VR阳光** 按钮，在视图中创建如图9-42所示的太阳光。同时在弹出的对话框中单击 **是(Y)** 按钮，创建天空贴图。

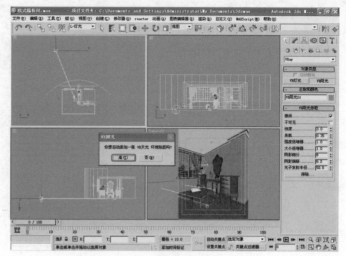

图 9-42

07 执行"渲染 > 环境"命令，弹出"环境和效果"参数设置面板，在"环境贴图"选项组中生成了天光贴图。取消选择"使用贴图"复选框后，VR天光贴图将不被使用，如图9-43所示。

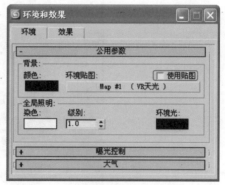

图 9-43

08 在视图中选择太阳光并进行移动，移动到如图9-44所示的位置。

移动太阳光时要同时选择太阳光的发射点和目标点。

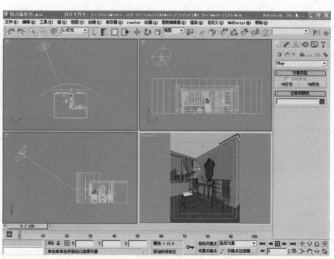

图 9-44

09 在视图中选择太阳光并单击 按钮, 在修改命令面板中将"强度倍增器"数值设置为 0.4, 如图 9-45 所示。

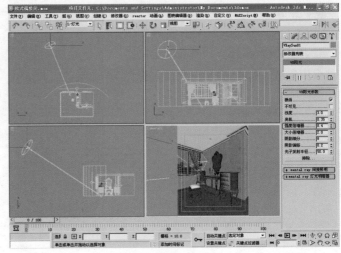

图 9-45

10 单击工具栏中的 按钮, 渲染后如图 9-46 所示。

图 9-46

11 在修改命令面板中将"强度倍增器"数值设置为 0.1, 如图 9-47 所示。单击 按钮, 渲染后如图 9-48 所示。

图 9-47   图 9-48

12 在修改命令面板中将强度倍增器设置为 0.01，如图 9-49 所示。单击 按钮，渲染后如图 9-50 所示。

图 9-49

图 9-50

13 在修改命令面板中将"强度倍增器"数值设置为 0.04，如图 9-51 所示。单击 按钮，渲染后如图 9-52 所示。

图 9-51

图 9-52

14 执行"渲染 > 环境"命令，弹出"环境和效果"参数设置面板，选择"使用贴图"复选框，VR 天光贴图将被使用。打开材质编辑器，将"环境和效果"参数设置面板中的"VR 天光"贴图拖动到"材质编辑器"中的空白材质球上，在弹出的"实例（副本）贴图"对话框中选择"实例"方式。在"VR天光参数"设置面板中单击 None 按钮，接着在视图中拾取开始创建的太阳光。将"太阳强度倍增器"数值设置为 0.1，如图 9-53 所示。

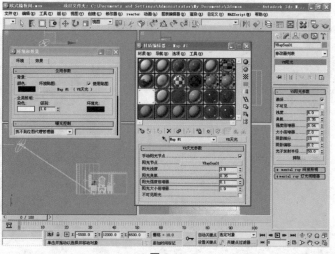

图 9-53

> **! 注意** 选择"实例"选项后,"环境和效果"参数设置面板中的"VR 天光"贴图和拖动到材质编辑器中的贴图就关联起来了。修改其中任何一个,另一个也要发生相应的变化。

15 单击 按钮,渲染后如图 9-54 所示。

图 9-54

16 将"阳光浊度"数值设置为 6,"太阳强度倍增器"数值设置为 0.04,如图 9-55 所示。

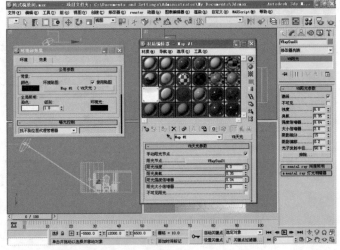

图 9-55

17 单击 按钮,渲染后如图 9-56 所示。

图 9-56

18 单击"光度学"灯光创建命令面板中的 目标点光源 按钮，在前视图中创建一盏目标点光源，如图 9-57 所示。

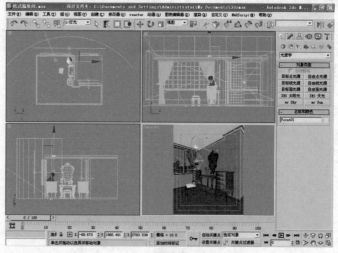

图 9-57

19 将这盏目标点光源以"实例"方式复制 11 盏，如图 9-58 所示。

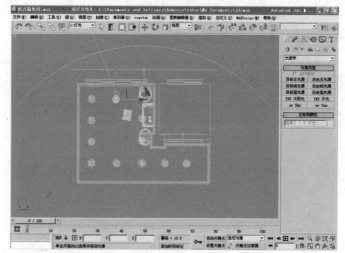

图 9-58

20 单击 按钮进入修改命令面板，在修改命令面板中在分布下拉列表框中选择"Web"方式分布，如图 9-59 所示。当选择 Web 方式分布时，增加"Web 参数"卷展栏。单击 < None > 按钮，在弹出的对话框中为它指定"案例相关文件 \ chapter09 \ 场景文件 \ 筒灯 .ies"光域网，如图 9-60 所示。

图 9-59

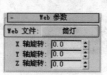

图 9-60

21 在"强度/颜色/分布"卷展栏中将灯光的"强度"设置为 3000 并选择 cd 单选按钮，如图 9-61 所示。单击 按钮进行渲染，效果如图 9-62 所示。

图 9-61

图 9-62

22 在"强度/颜色/分布"卷展栏中将灯光的"强度"设置为 5000 并选择 cd 单选按钮，如图 9-63 所示。单击 按钮进行渲染，效果如图 9-64 所示。

图 9-63

图 9-64

23 在"强度/颜色/分布"卷展栏中单击灯光的 按钮，在弹出的"颜色选择器"面板中选择如图 9-65 所示的颜色。单击 按钮进行渲染，效果如图 9-66 所示。

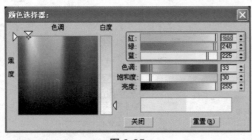

图 9-65

图 9-66

9.3 设置渲染参数并进行渲染

当场景的材质、灯光都创建完毕后，打开渲染场景对话框，将当前渲染器设置为 VRay 渲染器，接着设置渲染参数并进行渲染。

01 展开"图像采样反锯齿"卷展栏，选择"自适应细分"的采样方式和"区域"抗锯齿过滤器。单击 ◎ 按钮进行渲染，效果如图 9-67 所示，渲染耗时 26 分 43.8 秒。

02 展开"图像采样反锯齿"卷展栏，选择"自适应准蒙特卡罗"采样器的采样方式和"Catmull-Rom 抗锯齿"过滤器。单击 ◎ 按钮进行渲染，效果如图 9-68 所示，渲染耗时 21 分 44.1 秒。渲染时间增加，物体的边缘效果增强。

图 9-67

图 9-68

03 选择"开"复选框，单击二次反弹"全局光引擎"后的下拉列表框，选择"灯光缓冲"选项，单击 ◎ 按钮进行渲染，效果如图 9-69 所示，渲染耗时 21 分 13.2 秒。选择灯光缓冲选项后场景整体变亮，但是局部有些曝光。

图 9-69

04 将二次反弹的"倍增器"数值设置为 0.85，单击 👁 按钮进行渲染，如图 9-70 所示，渲染耗时 21 分 41.2 秒。降低倍增器参数后，渲染时间缩短，场景略微变暗。

05 展开"颜色映射"卷展栏，在"类型"下拉列表框中选择"线性曝光"方式，单击 👁 按钮进行渲染，效果如图 9-71 所示，渲染耗时 33 分 21.5 秒，场景局部曝光严重。

图 9-70   图 9-71

06 展开"发光贴图"设置卷展栏，在"当前预设模式"中选择"高"品质选项。在模式设置组中选择"单帧"模式。单击 保存到文件 按钮，在弹出的对话框中将其命名为"发光贴图"并保存，如图 9-72 所示。然后在发光贴图卷展栏中选择"自动保存"和"切换到保存的贴图"复选框，单击 浏览 按钮，在弹出的对话框中为它指定路径，如图 9-73 所示。

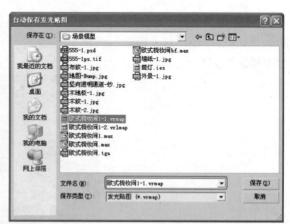

图 9-72   图 9-73

07 展开"灯光缓存"卷展栏，将"细分"数值设置为1000，"样本尺寸"设置为0.02。在模式设置组选择"单帧"模式，如图9-74所示。

08 单击 按钮进行渲染，如图9-75所示，渲染耗时28分45.2秒。

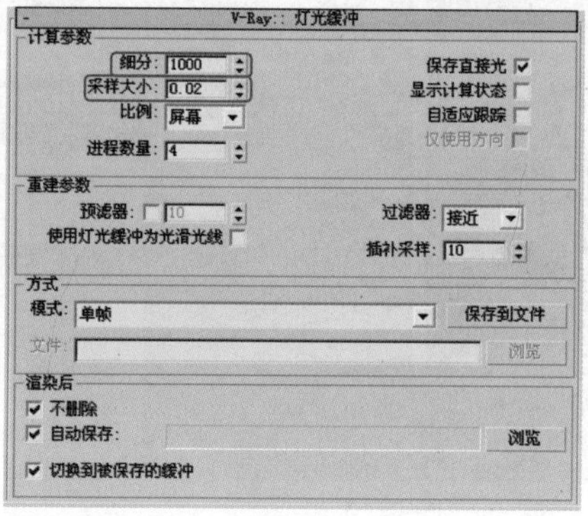

图 9-74

图 9-75

09 单击工具栏中的 按钮开启渲染场景对话框，将渲染图片的"宽度"数值设置为"1620"，"高度"数值设置为2000，如图9-76所示。

10 展开"准蒙特卡罗"设置卷展栏，将"适应数量"设置为0.85，"最小采样值"设置为15，"噪波阀值"设置为0.005，如图9-77所示。

11 在"发光贴图"卷展栏中将"当前预设模式"设置为"高"，接着单击 按钮进行正图的渲染。当正图渲染完成后为它命名并保存，如图9-78所示。

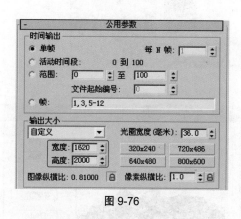

图 9-76

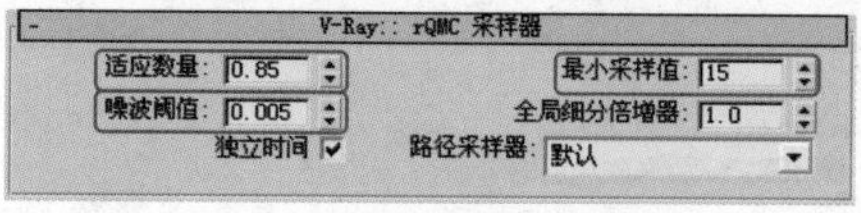

图 9-77

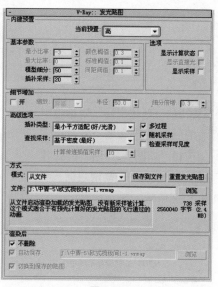

图 9-78

223

9.4　进行后期处理

将渲染出来的场景图片在 Photoshop CS3 中打开，对图片进行后期处理，完善图片效果。

01 在 Photoshop CS3 中打开"欧式梳妆间.tga"渲染文件（快捷键 Ctrl+O）。然后执行菜单栏中的"文件 > 存储为"命令（快捷键 Shift+Ctrl+S），名称为"欧式梳妆间.psd"，如图 9-79 所示。

图 9-79

02 接着执行菜单栏中的"图层 > 新建调整图层 > 色阶"命令，如图 9-80 所示。

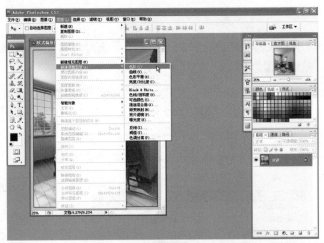

图 9-80

03 在弹出的"新建图层"对话框中为新创建的色阶图层命名，接着单击 **确定** 按钮，如图 9-81 所示。在弹出的"色阶"对话框中拖动滑块调节参数，如图 9-82 所示。

图 9-81

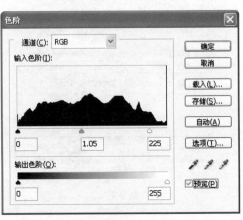

图 9-82

04 当调整了"色阶"对话框中的滑块后，此时画面略微变亮，如图9-83所示。

图 9-83

05 单击图层面板下的 ⊘ 按钮，在弹出的快捷菜单中选择"色彩平衡"命令，创建色彩平衡调整图层，如图9-84所示。

图 9-84

06 在"色彩平衡"对话框中选择"中间调"单选按钮，如图9-85所示设置参数。

图 9-85

07 接着选择"高光"单选按钮,按如图 9-86 所示设置参数。

图 9-86

08 单击图层面板下的 ❷ 按钮,在弹出的快捷菜单中选择"曲线"命令,创建曲线调整图层,如图 9-87 所示。

图 9-87

09 在"曲线"对话框中拖动曲线来调整画面效果,按如图 9-88 所示设置参数。通过曲线调整后,画面整体亮度增强。

图 9-88

10 单击图层面板下的 按钮，在弹出的快捷菜单中选择"色相/饱和度"命令，创建"色相/饱和度"调整图层，如图9-89所示。

图9-89

11 在"色相/饱和度"对话框中将色相设置为2，饱和度设置为4，明度设置为0，如图9-90所示。通过对"色相/饱和度"进行调整，画面的饱和度有所增加。

图9-90

12 单击图层面板下的 按钮，在弹出的快捷菜单中选择"亮度/对比度"命令，创建"亮度/对比度"调整图层，如图9-91所示。

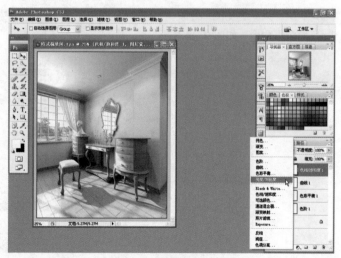

图9-91

13 在"亮度/对比度"对话框中将亮度设置为 4，对比度设置为 2，如图 9-92 所示。通过对"亮度/对比度"进行调整，画面的亮度和对比度都有所增加。

图 9-92

14 执行菜单栏中的"图层 > 拼合图像"命令，对所有图层进行合并，如图 9-93 所示。

图 9-93

15 执行菜单栏中的"图像 > 模式 > Lab 颜色"命令，如图 9-94 所示。

图 9-94

16 当选择了"Lab 颜色"模式后,在图层面板中单击 通道 按钮,此时的通道面板如图 9-95 所示。

图 9-95

17 接着激活明度通道,执行"图像 > 调整 > 色阶"命令,在"色阶"对话框中按如图 9-96 所示设置参数。

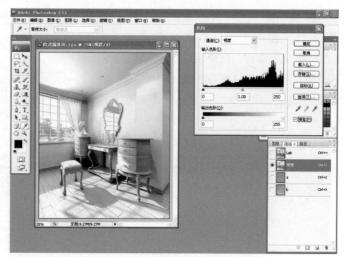

图 9-96

18 接着执行菜单栏中的"滤镜 > 锐化 > USM 锐化"命令,在弹出的"USM 锐化"对话框中将"数量"设置为 50,如图 9-97 所示。

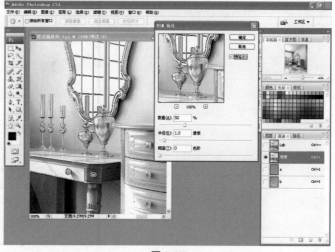

图 9-97

19 执行菜单栏中的"图像 > 模式 > RGB 颜色"命令,将图片重新转化为 RGB 颜色,如图 9-98 所示。

图 9-98

20 当回到"RGB 颜色"模式后,再次执行菜单栏中的"滤镜 > 锐化 > USM 锐化"命令,在弹出的"USM 锐化"对话框中将数量设置为 15,如图 9-99 所示。

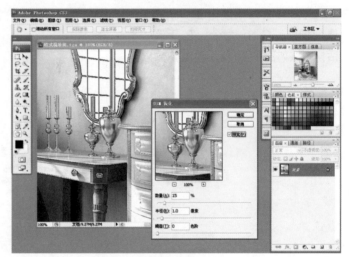

图 9-99

21 完成后期制作的效果如图 9-100 所示。

图 9-100

Chapter 10

实例 2 —— 卧室

本实例表现的是典型的欧式风格的卧室，整个空间充满了优雅的韵味和浓郁的欧式文化风情。床头精美的花纹体现了欧式古典主义的特色。欧式吊顶设计，为空间增添了细节，形式简单但样式非常高雅，展现户主的超然品位与独特情趣。

10.1 卧室模型中材质的制作

执行菜单栏中的"文件 > 打开"命令,打开欧式卧室场景模型文件。接着在键盘上按 M 键打开材质编辑器,在"材质编辑器"中设置好材质,接着为场景中的物体赋予相应的材质。

01 执行菜单栏中的"文件 > 打开"命令,在弹出的"打开文件"对话框中选择随书光盘中的"案例相关文件 \ chapter10 \ 场景文件 \ 欧式卧室 1.max"文件,打开后如图 10-1 所示。

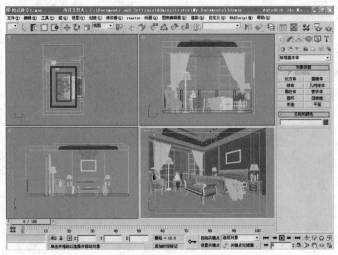

图 10-1

02 在工具栏中单击 ✱ 按钮,打开材质编辑器。在"材质编辑器"中激活空白材质球,如图 10-2 所示。

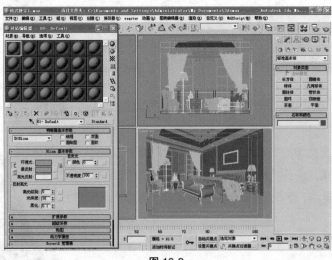

图 10-2

03 在"材质编辑器"的 ✎ 按钮后将激活的材质球命名为"台灯罩"。展开"贴图"卷展栏,单击漫反射颜色通道后的 ___None___ 按钮,在弹出的"材质/贴图浏览器"对话框中选择"位图"贴图,并指定随书光盘中的"案例相关文件 \ chapter10 \ 场景文件 \ 灯片-1.jpg"文件,如图 10-3 所示。然后展开"Blinn 基本参数"卷展栏,按如图 10-4 所示进行设置。

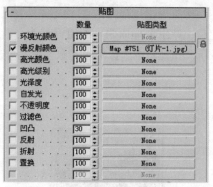

图 10-3

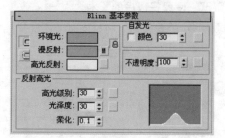

图 10-4

04 设置完"台灯罩"后的效果如图 10-5 所示。在视图中选择台灯罩对象，然后单击"材质编辑器"中的 按钮，将材质赋予所选择的对象。

图 10-5

05 在"材质编辑器"的 按钮后将激活的材质球命名为"墙纸-2"。单击材质设置面板中的 Standard 按钮，在弹出的"材质/贴图浏览器"对话框中选择 VRayMtl 选项。展开 Map 卷展栏，单击漫射通道后的 None 按钮，在"材质/贴图浏览器"中选择"位图"贴图并指定随书光盘中的"案例相关文件 \ chapter10 \ 场景文件 \ 墙纸-2.jpg"文件。接着用鼠标将"漫射"通道后指定的贴图拖动到"凹凸"通道，在弹出的"实例（副本）贴图"对话框中选择"复制"单选按钮。在"环境"通道中添加"输出（Output）"贴图，如图 10-6 所示。然后展开"基本参数"卷展栏，将"光泽度"数值设置为 1，如图 10-7 所示。

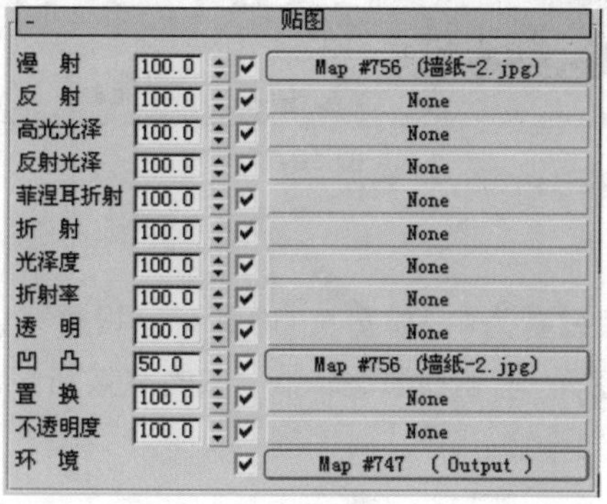

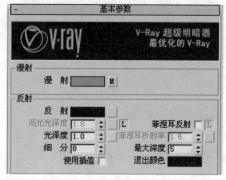

图 10-6

图 10-7

06 单击材质设置面板中的 VRayMtl 按钮，在弹出的"材质/贴图浏览器"对话框中选择"VR 材质包裹器"选项。在"VR 材质包裹器"参数设置面板中将"产生全局照明"数值设置为 0.2，如图 10-8 所示。设置好以后的"木地板-1"效果如图 10-9 所示。在视图中选择地板对象，然后单击"材质编辑器"中的 🖳 按钮，将材质赋予所选择的对象。

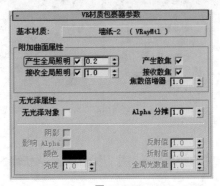

图 10-8

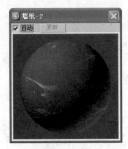

图 10-9

> **!注意** 因为墙纸的颜色比较鲜艳，为了防止发生溢色现象，因此使用了 VR 材质包裹器。

07 在材质编辑器的 🖊 按钮后将激活的材质球命名为"窗清玻璃"。单击材质设置面板中的 Standard 按钮，在弹出的"材质/贴图浏览器"对话框中选择 VRayMtl 选项。展开"贴图"卷展栏，单击漫射通道后的 None 按钮，在"材质/贴图浏览器"中选择"衰减（Fall off）"贴图，如图 10-10 所示。单击折射后的 按钮，在弹出的"颜色选择器"中选择"红"、"绿"、"蓝"都为 255 的颜色，如图 10-11 所示。

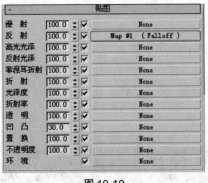

图 10-10

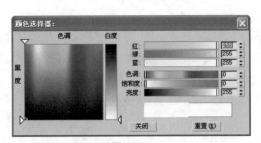

图 10-11

08 然后展开"基本参数"卷展栏，将"光泽度"数值设置为 1，如图 10-12 所示。设置好以后的"窗清玻璃"如图 10-13 所示。在视图中选择地板对象，接着"单击材质编辑器"中的 🖳 按钮，将材质赋予所选择的对象。

图 10-12   图 10-13

09 在"材质编辑器"的 🔧 按钮后将激活的材质球命名为"布纹-1"。展开"贴图"卷展栏，单击漫反射颜色通道后的 ⬜ None 按钮，在弹出的"材质/贴图浏览器"对话框中选择"位图"贴图，并指定随书光盘中的"案例相关文件 \ chapter10 \ 场景文件 \ 布纹-1.jpg"文件。接着用鼠标将"漫射"通道后指定的贴图的拖动到"凹凸"通道，在弹出的"实例（副本）贴图"对话框中选择"复制"单选按钮。在"自发光"通道中添加"遮罩（Mask）"贴图，如图 10-14 所示。然后展开"Oren-Nayar-Blinn基本参数"卷展栏，按如图 10-15 所示进行设置。

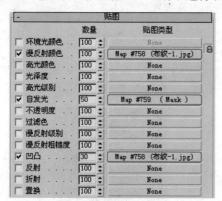

图 10-14

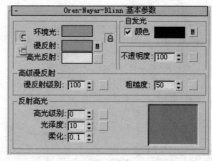

图 10-15

10 在"Oren-Nayar-Blinn 基本参数"卷展栏的"自发光"选项组选择"颜色"复选框，当不选择此复选框时，效果如图 10-16 所示。当选择此复选框时，效果如图 10-17 所示，这时材质球边缘要亮些。

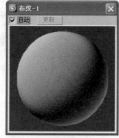

图 10-16

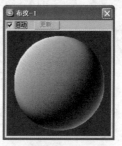

图 10-17

11 在"材质编辑器"中激活新的材质球并命名为"床椅木纹-1"。单击材质设置面板中的 `Standard` 按钮，在弹出的"材质/贴图浏览器"对话框中选择 VRayMtl 选项。展开"贴图（Map）"卷展栏，单击漫射通道后的 `None` 按钮，在弹出的"材质/贴图浏览器"对话框中选择"位图"贴图，并指定随书光盘中的"案例相关文件 \ chapter10 \ 场景文件 \ 木纹 -1.jpg"文件。接着在"反射"通道中添加"衰减（Fall off）"贴图，在"环境"通道中添加"输出（Output）"贴图，如图 10-18 所示。然后展开"基本参数"卷展栏，将"光泽度"数值设置为 0.9，如图 10-19 所示。

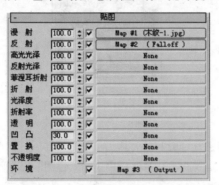

图 10-18

图 10-19

12 单击材质设置面板中的 `VRayMtl` 按钮，在弹出的"材质/贴图浏览器"对话框中选择"VR 材质包裹器"选项。在"VR 材质包裹器"参数设置面板中将"产生全局照明"数值设置为 0.2，如图 10-20 所示。设置好以后的"床椅木纹-1"如图 10-21 所示。在视图中选择床对象，接着"单击材质编辑器"中的 按钮，将材质赋予所选择的对象。

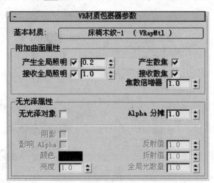

图 10-20

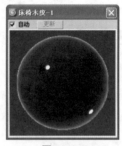

图 10-21

13 在"材质编辑器"中激活新的材质球并命名为"外景"。单击材质设置面板中的 `Standard` 按钮，在弹出的"材质/贴图浏览器"对话框中选择"VR 灯光"选项。它的设置面板如图 10-22 所示。将"颜色"数值设置为 2.5，如图 10-23 所示。

图 10-22

图 10-23

14 设置好以后的"外景"如图 10-24 所示，在视图中选择室外弧形对象，接着单击"材质编辑器"中的 按钮，将材质赋予所选择的对象。

15 选择空白材质球，并将其定义为 Multi/Sub-Object（多维 - 子）材质，为它命名为"吊灯"。单击 Set Number 按钮，在弹出的"设置材质数量"对话框中将材质数量设置为 3，"多维 - 子对象材质"卷展栏中将只有 3 个子材质样本球，如图 10-25 所示。

图 10-24

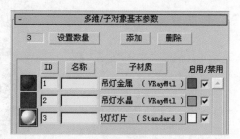

图 10-25

> **!注意**　多维 - 子对象材质最多可以设置 10 个子材质。

16 在视图中选择模型，设置多边形的 ID 号。在视图中选择"吊灯"模型，并单击 📂 按钮进入修改命令面板。在修改堆栈中进入"可编辑多边形"修改器的多边形子层级，在视图中选择如图 10-26 所示的多边形，在"多边形属性"卷展栏中将设置 ID 后的数值设置为 1。

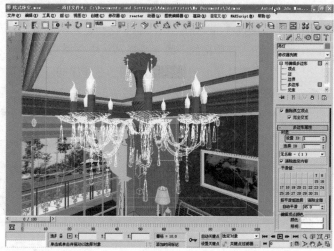

图 10-26

17 接着在视图中选择如图 10-27 所示的多边形，在"多边形属性"卷展栏中将设置 ID 后的数值设置为 2。

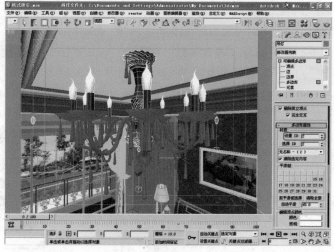

图 10-27

18 接着在视图中选择如图 10-28 所示的多边形，在"多边形属性"卷展栏中将设置 ID 后的数值设置为 3。

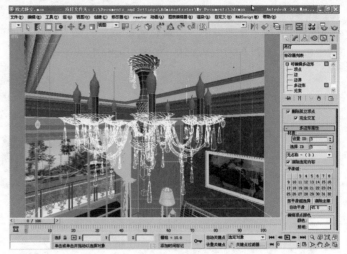

图 10-28

19 在"材质编辑器"中单击 吊灯钢 [VRayMtl] 按钮进入 ID 号为 1 的子材质设置面板。单击材质设置面板中的 Standard 按钮，在弹出的"材质/贴图浏览器"对话框中选择 VRayMtl 选项。单击漫射后的 █████ 按钮，在弹出的"颜色选择器"中选择"红"为 120、"绿"为 73、"蓝"为 7 的颜色，如图 10-29 所示。单击反射后的 █████ 按钮，在弹出的"颜色选择器"中选择"红"、"绿"、"蓝"都为 120 的颜色，如图 10-30 所示。设置完成后单击 █ 按钮回到上一层级。

图 10-29

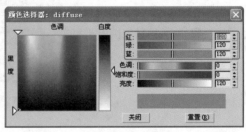

图 10-30

20 在"材质编辑器"中单击 吊灯钢 [VRayMtl] 按钮进入 ID 号为 2 的子材质设置面板。单击材质设置面板中的 Standard 按钮，在弹出的"材质/贴图浏览器"对话框中选择 VRayMtl 选项。展开"贴图"卷展栏，单击漫射通道后的 None 按钮，在"材质/贴图浏览器"中选择"衰减（Falloff）"贴图，如图 10-31 所示。展开"基本参数"卷展栏，单击折射后的 █████ 按钮，在弹出的"颜色选择器"中选择"红"、"绿"、"蓝"都为 255 的颜色，如图 10-32 所示。

图 10-31

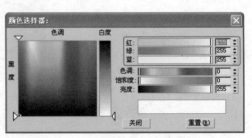

图 10-32

21 在"基本参数"卷展栏中，将"光泽度"数值设置为 1，如图 10-33 所示。设置完成后单击 按钮回到上一层级。

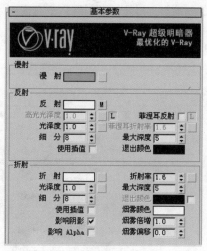

图 10-33

22 在"材质编辑器"中单击 吊灯钢 [VRayMtl] 按钮进入 ID 号为 3 的子材质设置面板。在"Blinn 基本参数"设置面板中根据如图 10-34 所示进行设置。设置完成后单击 按钮回到上一层级。设置好以后的材质效果如图 10-35 所示，在视图中选择吊灯对象，然后单击"材质编辑器"中的 按钮，将材质赋予所选择的对象。

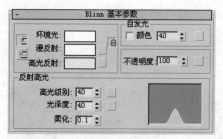

图 10-34

图 10-35

23 当场景中的对象都被赋予了材质后，效果如图 10-36 所示。

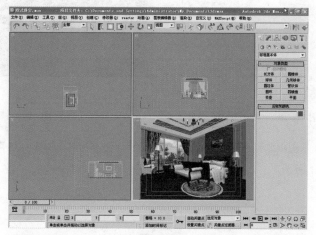

图 10-36

10.2 在卧室场景模型中设置灯光

当卧室场景模型指定了相应的材质时，打开灯光创建命令面板，为场景创建灯光并设置灯光参数。

01 单击灯光创建命令面板中的 VR灯光 按钮，在后视图中创建一盏面光源，如图 10-37 所示。

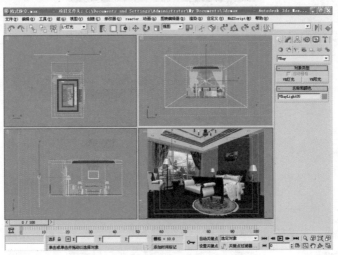

图 10-37

02 单击 ✏ 按钮进入修改命令面板，首先在修改命令面板中将"半长"数值设置为 4000，"半宽"数值设置为 2500，接着将"倍增器"数值设置为 3，如图 10-38 所示。单击工具栏中的 ◉ 按钮进行渲染，效果如图 10-39 所示。

图 10-38

图 10-39

03 接着在修改命令面板中将"倍增器"数值设置为 6，如图 9-40 所示。单击工具栏中的 ◉ 按钮进行渲染，效果如图 9-41 所示。

图 10-40

图 10-41

04 在修改命令面板中将"倍增器"数值设置为 8，如图 9-42 所示。单击工具栏中的 ⊙ 按钮进行渲染，效果如图 9-43 所示。

图 10-42

图 10-43

05 单击光度学灯光创建命令面板中的 目标点光源 按钮，在前视图中创建一盏目标点光源，如图 10-44 所示。

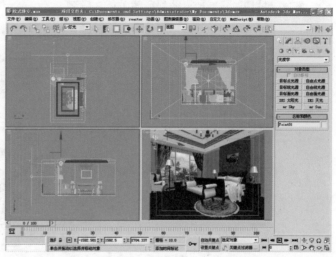

图 10-44

06 将这盏目标点光源以"实例"的方式复制 13 盏，如图 10-45 所示。单击 ✎ 按钮进入修改命令面板，在修改命令面板中当前是"等向"方式分布，将灯光"强度"设置为 1500 并选择 cd 单选按钮，如图 9-59 所示。

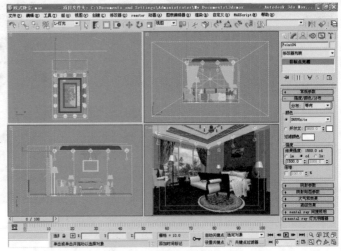

图 10-45

07 单击 ◉ 按钮进行渲染，效果如图 10-46 所示。

图 10-46

08 在"强度/颜色/分布"卷展栏中将灯光"强度"设置为 400 并选择 cd 单选按钮，如图 10-47 所示。单击 ◉ 按钮进行渲染，效果如图 10-48 所示。

图 10-47

图 10-48

09　在修改命令面板中将当前分布设置为 Web 方式。单击过滤颜色后的 [　] 按钮，在弹出的"颜色选择器"中选择如图 10-49 所示的颜色。单击 ◉ 按钮进行渲染，效果如图 10-50 所示。

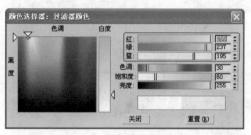

图 10-49

图 10-50

> ⚠ 注意　当为目标点光源指定了光域网文件后，同样的灯光强度产生的光线要弱些。

10　单击光度学灯光创建命令面板中的 目标点光源 按钮，在前视图中创建一盏目标点光源，这盏灯的过滤颜色为白色，如图 10-51 所示。

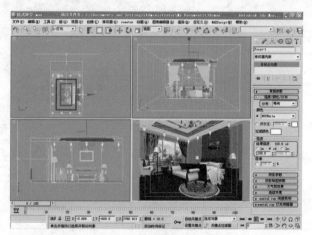

图 10-51

11　单击 ◉ 按钮进行渲染，效果如图 10-52 所示。

图 10-52

12 单击过滤颜色后的▢▢按钮，在弹出的"颜色选择器"中选择如图10-53所示的颜色。单击◉按钮进行渲染，效果如图10-54所示。

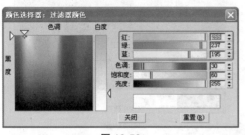

图 10-53

图 10-54

13 单击光度学灯光创建命令面板中的 目标点光源 按钮，在前视图中创建一盏目标点光源，如图10-55所示。

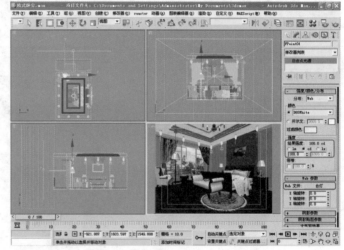

图 10-55

14 单击◉按钮进行渲染，效果如图10-56所示。

图 10-56

15 单击光度学灯光创建命令面板中的 目标点光源 按钮，在前视图中创建一盏目标点光源。在视图中将它复制一盏，如图 10-57 所示。

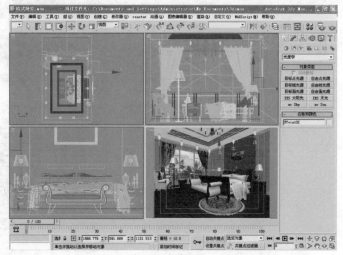

图 10-57

16 单击 按钮进行渲染，效果如图 10-58 所示。

图 10-58

17 单击 按钮进入修改命令面板，在修改命令面板中的分布下拉列表框中选择 Web 方式分布，如图 9-58 所示。当选择了 Web 方式分布后，就增加了"Web 参数"卷展栏。单击 < None > 按钮，在弹出的对话框中为它指定"案例相关文件 \ chapter10 \ 场景文件 \ 台灯 .ies"光域网文件，将灯光"强度"设置为 500，并选择 cd 单选按钮，如图 10-59 所示。

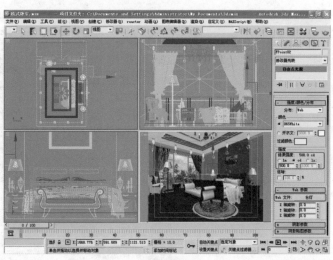

图 10-59

18 单击 按钮进行渲染，效果如图 10-60 所示。

图 10-60

19 在修改命令面板中将灯光"强度"设置为 120，并选择 cd 单选按钮，效果如图 10-61 所示。单击 按钮进行渲染，效果如图 10-62 所示。

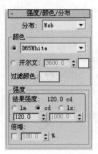

图 10-61

图 10-62

20 单击灯光创建命令面板中的 VR灯光 按钮，在顶视图中拖动鼠标，创建面光源，将面光源沿 Y 轴旋转角度，如图 10-63 所示。

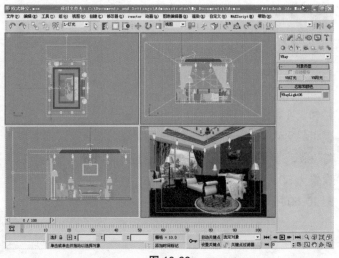

图 10-63

21 将它以"实例"的方式复制 3 盏，如图 10-64 所示。

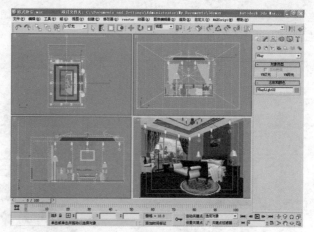

图 10-64

22 选择复制的任意一盏面光源，单击 ✐ 按钮进入修改命令面板，将灯光"倍增器"设置为 30，如图 10-65 所示。单击过滤颜色后的 ▢ 按钮，在弹出的"颜色选择器"中选择颜色。接着单击工具栏中的 ⦿ 按钮，渲染后效果如图 10-66 所示。

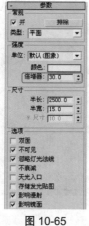

图 10-65

图 10-66

23 在修改命令面板中，将灯光"倍增器"数值设置为 20，如图 10-67 所示。单击工具栏中的 ⦿ 按钮，渲染后效果如图 10-68 所示。

图 10-67

图 10-68

24 在修改命令面板中,将灯光"倍增器"数值设置为12,如图10-69所示。单击工具栏中的 ▣ 按钮,渲染后效果如图10-70所示。

图 10-69

图 10-70

25 单击灯光创建命令面板中的 **VR灯光** 按钮,在视图中再创建一盏面光源,将面光源旋转角度。单击 ▣ 按钮进入修改命令面板,按如图10-71所示进行参数设置。

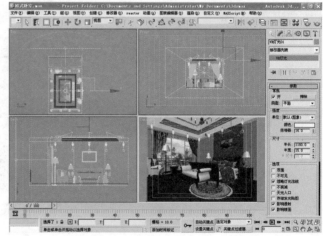

图 10-71

26 单击灯光创建命令面板中的 **VR阳光** 按钮,在视图中创建如图10-72所示的太阳光。同时在弹出的对话框中单击 **否(N)** 按钮,不创建天空光贴图。

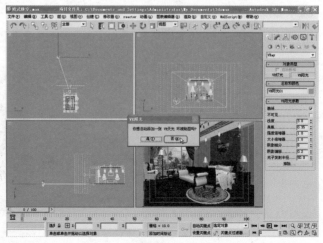

图 10-72

27 在视图中选择太阳光并进行移动，将它调整到如图 10-73 所示的位置。

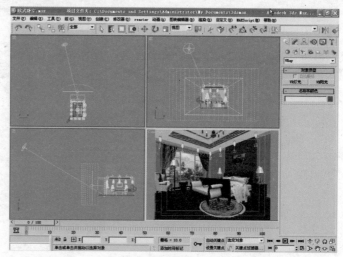

图 10-73

28 在视图中选择太阳光并单击 🖊 按钮，在修改命令面板中按如图 10-74 所示进行参数设置。

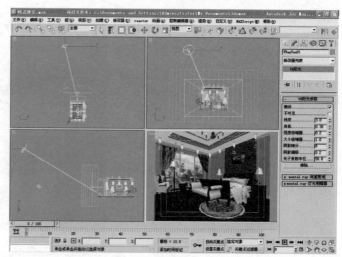

图 10-74

29 接着单击工具栏中的 👁 按钮，渲染后如图 10-75 所示。

图 10-75

30 在修改命令面板中将"强度倍增器"数值设置为 0.1，按如图 10-76 所示设置其他的参数。

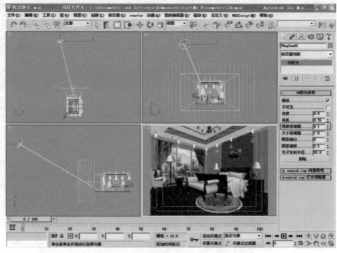

图 10-76

31 单击工具栏中的 按钮，渲染后如图 10-77 所示。

图 10-77

32 执行菜单栏中"渲染 > 环境"命令，打开"环境和效果"参数设置面板。单击 None 按钮，在弹出的"材质/贴图浏览器"对话框中选择"VR 天光"选项，如图 10-78 所示。

 注意

本实例在创建太阳光时没有同时创建"VR 天光"贴图，这里单独创建"VR 天光"贴图。

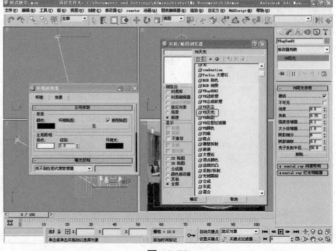

图 10-78

33 打开材质编辑器，将"环境和效果"设置面板中的VR天光贴图拖动到"材质编辑器"中的空白材质球上，在弹出的"实例（副本）"对话框中选择"实例"单选按钮，如图10-79所示。

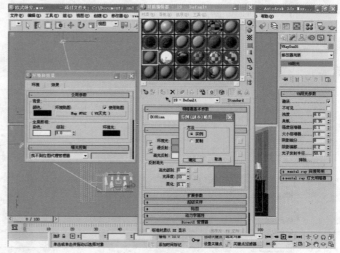

图 10-79

34 在VR天光贴图的编辑面板中单击 None 按钮，接着在视图中拾取开始创建的太阳光，如图10-80所示。

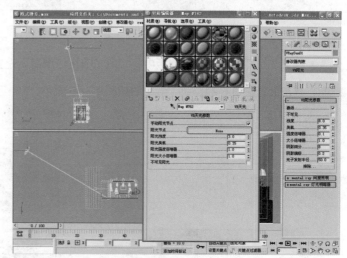

图 10-80

35 此时"材质编辑器"中的天光贴图的参数设置面板如图10-81所示。

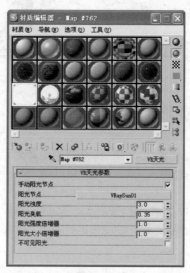

图 10-81

36 将"阳光强度倍增器"设置为 0.1，如图 10-82 所示。

37 单击工具栏中的 按钮，渲染后如图 10-83 所示。

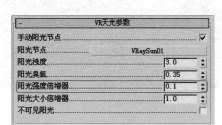

图 10-82

图 10-83

38 在天光贴图的参数设置面板中将"阳光强度倍增器"设置为 0.04，如图 10-84 所示。

39 单击工具栏中的 按钮，渲染后如图 10-85 所示。

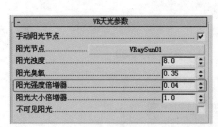

图 10-84

图 10-85

10.3 设置渲染参数并进行渲染

当场景的材质、灯光都创建完毕后，打开渲染场景对话框，将当前渲染器设置为 VRay 渲染器，接着设置渲染参数并进行渲染。

01 首先展开"图像采样反锯齿"卷展栏，选择"自适应准蒙特卡罗"采样器的采样方式和"Catmull-Rom 抗锯齿"过滤器。单击 按钮进行渲染，效果如图 10-86 所示，渲染耗时 9 分 33.9 秒。

02 展开"间接照明设置"卷展栏，在默认情况下"开"复选框是未选择的，间接照明设置是关闭的。这里不选择"开"复选框，单击 按钮进行渲染，效果如图 10-87 所示，渲染耗时 6 分 53.3 秒。虽然渲染时间减少了，但是画面只有直接光照的效果。

图 10-86

图 10-87

03 选择"开"复选框，采用默认的全局光引擎参数，单击 按钮进行渲染，效果如图 10-88 所示，渲染耗时 15 分 26.8 秒。

图 10-88

04 在二次反弹的"全局光引擎"后的下拉列表框中，选择"灯光缓冲"选项。然后将二次反弹的"倍增器"数值设置为 0.85，单击 按钮进行渲染，效果如图 10-89 所示，渲染耗时 9 分 33.9 秒。选择了"灯光缓冲"选项后场景整体变亮，但是局部有些曝光。

图 10-89

05 展开"颜色映射"卷展栏，在"类型"下拉列表框中选择"线性曝光"选项，单击 按钮进行渲染，效果如图 10-90 所示，渲染耗时 13 分 16.1 秒，场景局部曝光的现象消失。

06 展开"发光贴图"卷展栏，在"当前预置"下拉列表框中选择"低"选项。单击 ◉ 按钮进行渲染，效果如图 10-91 所示，渲染耗时 9 分 42.9 秒。

图 10-90

图 10-91

07 展开"发光贴图"卷展栏，在"当前预置"下拉列表框中选择"高"选项。在"模式"下拉列表框中选择"单帧"选项。单击 保存到文件 按钮，在弹出的对话框中为发光贴图命名并保存。然后在"发光贴图"卷展栏中选择"自动保存"和"切换到保存的贴图"复选框，单击 浏览 按钮，在弹出的对话框中为它指定路径。

08 展开"灯光缓存"卷展栏，将"细分"数值设置为1000，"样本尺寸"设置为0.02。在"模式"下拉列表框中选择"单帧"选项。单击 ◉ 按钮进行渲染，效果如图 10-92 所示，渲染耗时 28 分 32.1 秒。

09 展开"rQMC 采样器"卷展栏，将"适应数量"设置为0.85，"最小采样值"设置为15，"噪波阈值"设置为0.005。

10 在视图中选择面光源，在修改命令面板中将"细分"数值设置为30，这样可以提高画面品质。

11 单击工具栏中的 ▣ 按钮，打开渲染场景对话框，将渲染图片的"宽度"设置为2000，"高度"设置为1500，如图 10-93 所示。

图 10-92

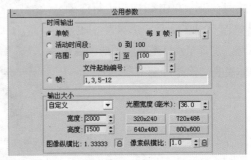

图 10-93

12 单击 按钮进行渲染，效果如图 10-94 所示。

图 10-94

10.4 进行后期处理

将渲染出来的场景图片在 Photoshop CS3 中打开，对图片进行后期处理，完善图片效果。

01 在 Photoshop CS3 中打开"欧式卧室 .tga"渲染文件（快捷键 Ctrl+O）。然后执行菜单栏中的"文件 > 存储为"命令（快捷键 Shift+Ctrl+S），名称为"欧式卧室 .psd"，如图 10-95 所示。

图 10-95

02 单击图层面板下的 按钮，在弹出的菜单中选择"色阶"命令，创建色阶调整图层，在图层面板中进行显示。在弹出的"色阶"对话框中通过拖动滑块来调节参数，如图 10-96 所示。

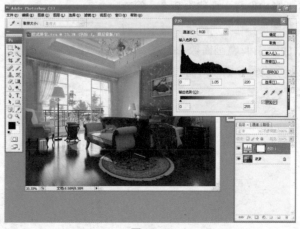

图 10-96

03 单击图层面板下的 按钮,在弹出的菜单中选择"色彩平衡"命令,创建色彩平衡调整图层。在"色彩平衡"对话框中选择"中间调"单选按钮,如图 10-97 所示设置参数。

图 10-97

04 选择"高光"选项,然后按如图 10-98 所示设置参数。

图 10-98

05 单击图层面板下的 按钮,在弹出的菜单中选择"曲线"命令,创建曲线调整图层。在"曲线"对话框中通过拖动曲线来调整画面效果,按如图 10-99 所示设置参数。对曲线进行调整后,画面亮度增强。

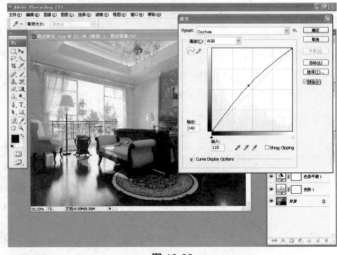

图 10-99

06 单击图层面板下的 ⬭ 按钮,在弹出的菜单中选择"色相/饱和度"命令,创建"色相/饱和度"调整图层。在"色相/饱和度"对话框中将"色相"数值设置为2,"饱和度"数值设置为4,"明度"数值设置为0,如图10-100所示。通过对"色相/饱和度"的调整,画面的饱和度略微增加。

图 10-100

07 单击图层面板下的 ⬭ 按钮,在弹出的菜单中选择"亮度/对比度"命令,创建"亮度/对比度"调整图层。在"亮度/对比度"对话框中将"亮度"和"对比度"都设置为5,如图10-101所示。通过对"亮度/对比度"的调整,画面的亮度和对比度都增加了。

图 10-101

08 在图层面板中激活"背景"图层,如图10-102所示。

图 10-102

09 执行菜单栏中的"图层 > 拼合图像"命令，将所有图层进行合并，如图 10-103 所示。

图 10-103

10 执行菜单栏中的"图像 > 模式 > Lab 颜色"命令，如图 10-104 所示。

图 10-104

11 当转化为"Lab 颜色"模式后，在图层面板中单击 通道 按钮，此时的通道面板如图 10-105 所示。

图 10-105

12 接着激活明度通道，执行菜单栏中的"图像 > 调整 > 色阶"命令，在弹出的"色阶"对话框中按如图 10-106 所示设置参数。

图 10-106

13 接着执行菜单栏中的"滤镜 > 锐化 > USM 锐化"命令，在弹出的"USM 锐化"对话框中将"数量"数值设置为 50，如图 10-107 所示。

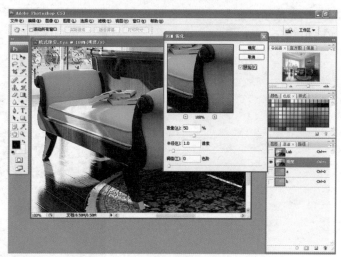

图 10-107

14 执行菜单栏中的"图像 > 模式 > RGB 颜色"命令，将图片重新转化为 RGB 颜色，如图 10-108 所示。

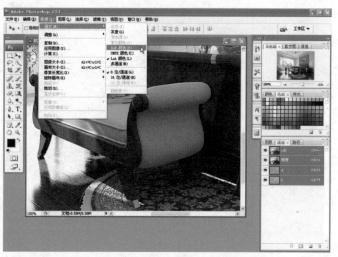

图 10-108

15 当回到"RGB 颜色"模式后，再次执行菜单栏中的"滤镜 > 锐化 > USM 锐化"命令，在弹出的的"USM 锐化"对话框中将"数量"数值设置为25，如图 10-109 所示。

图 10-109

16 完成了后期制作后，效果如图 10-110 所示。

图 10-110

Chapter

实例 3 —— 欧式走廊

　　本实例表现的是造型独特的欧式拱形走廊。黄色墙面和红色的欧式顶部顶花、柱子相映成趣。两旁是雕刻精美的石壁和雕像，走廊的尽头有一个高大坚固的石门，制造出错落有致的休闲空间。走廊侧面的雕像和各种精巧装饰，每个细节处都彰显出浓郁的古典浪漫和时尚气息。

11.1 给欧式走廊模型指定材质

打开欧式走廊场景模型后，打开材质编辑器，在材质编辑器中设置好材质，接着为场景中的物体赋予相应的材质。

01 执行菜单栏中的"文件 > 打开"命令，在弹出的"打开文件"对话框中选择随书光盘中的"案例相关文件 \ chapter11 \ 场景文件 \ 欧式走廊 1.max"文件，打开后如图 11-1 所示。

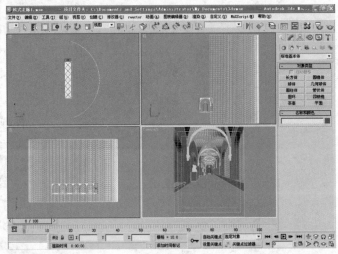

图 11-1

> ⚠️ **注意**　在视图中选择场景外部的弧形外景墙并单击鼠标右键，在弹出的"关联菜单"中选择"物体属性"选项，在弹出的"对象属性"对话框中确保"投影阴影"选项不被选择，这样光线才能穿透外景墙。

02 在工具栏中单击 🞃 按钮，打开材质编辑器。在"材质编辑器"中激活空白材质球，如图 11-2 所示。

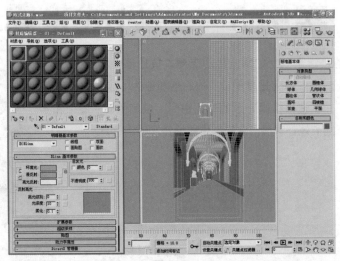

图 11-2

03 在"材质编辑器"的 ✎ 按钮后将激活的材质球命名为"黄色乳胶漆"。单击材质设置面板中的 Standard 按钮，在弹出的"材质/贴图浏览器"对话框中选择 VRayMtl 选项。单击漫射后的 按钮，在弹出的"颜色选择器"中选择"红"为255、"绿"为230、"蓝"为191的颜色，如图11-3所示。单击反射后的 按钮，在弹出的"颜色选择器"中选择"红"、"绿"、"蓝"都为0的颜色，如图11-4所示。

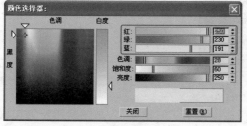
图 11-3

图 11-4

04 接着展开"基本参数"卷展栏，将"光泽度"数值设置为1，如图11-5所示。设置好以后的"黄色乳胶漆"如图11-6所示。在视图中选择地板对象，然后单击"材质编辑器"中的 ✎ 按钮，将材质赋予所选择的对象。

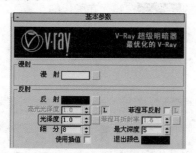
图 11-5

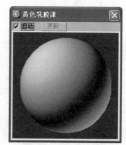
图 11-6

05 在"材质编辑器"的 ✎ 按钮后将激活的材质球命名为"旧砖墙"。单击材质设置面板中的 Standard 按钮，在弹出的"材质/贴图浏览器"对话框中选择 VRayMtl 选项。展开"贴图"卷展栏，单击漫反射颜色通道后的 None 按钮，在"材质/贴图浏览器"中选择"位图"贴图，并指定随书光盘中的"案例相关文件 \ chapter11 \ 场景文件 \ 艺术墙砖-1.jpg"文件。接着用鼠标将"漫射"通道后的指定贴图拖动到"凹凸"通道，在弹出的"实例（副本）贴图"对话框中选择"复制"单选按钮。在"反射"通道中添加衰减（Falloff）贴图，如图11-7所示。接着展开"基本参数"卷展栏，将"光泽度"数值设置为1，如图11-8所示。

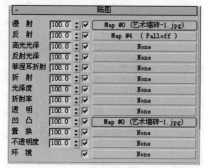
图 11-7

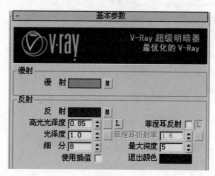
图 11-8

06 设置好以后的"木地板-1"如图 11-9 所示，在视图中选择墙面对象，接着单击"材质编辑器"中的 按钮，将材质赋予所选择的对象。

图 11-9

07 在"材质编辑器"的 按钮后将激活的材质球命名为"旧墙面"。单击材质设置面板中的 Standard 按钮，在弹出的"材质/贴图浏览器"对话框中选择 VRayMtl 选项。展开"贴图"卷展栏，单击漫反射颜色通道后的 None 按钮，在"材质/贴图浏览器"中选择"位图"贴图，并指定随书光盘中的"案例相关文件 \ chapter11 \ 场景文件 \ 肌理墙面-1.jpg"文件。接着用鼠标将"漫射"通道后的贴图拖动到"凹凸"通道，在弹出的"实例（副本）贴图"对话框中选择"复制"单选按钮，如图 11-10 所示。然后展开"基本参数"卷展栏，单击反射后的 按钮，在弹出的"颜色选择器"中选择"红"、"绿"、"蓝"都为 0 的颜色，如图 11-11 所示。

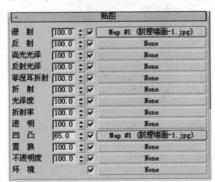

图 11-10

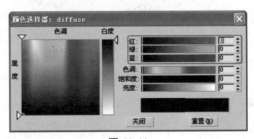

图 11-11

08 接着展开"基本参数"卷展栏，将"光泽度"数值设置为 1，如图 11-12 所示。设置好以后的"旧墙面"如图 11-13 所示，在视图中选择墙面对象，接着单击"材质编辑器"中的 按钮，将材质赋予所选择的对象。

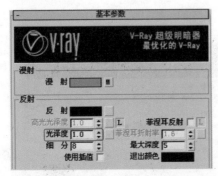

图 11-12

图 11-13

09 在材质编辑器的 ✎ 按钮后将激活的材质球命名为"吊灯黑钢"。单击材质设置面板中的 Standard 按钮，在弹出的"材质/贴图浏览器"选择 VRayMtl 选项。展开"贴图"卷展栏，单击反射通道后的 None 按钮，在"材质/贴图浏览器"中选择"衰减（Falloff）"贴图，如图 11-14 所示。然后展开"基本参数"卷展栏，单击反射后的 ██ 按钮，在弹出的"颜色选择器"中选择"红"、"绿"、"蓝"都为 50 的颜色，如图 11-15 所示。

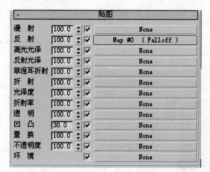

图 11-14

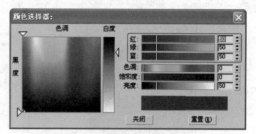

图 11-15

10 展开"基本参数"卷展栏，将"高光光泽度"和"光泽度"数值均设置为 0.85，如图 11-16 所示。设置好以后的"吊灯黑钢"如图 11-17 所示，在视图中选择墙面对象，接着单击材质编辑器中的 ✎ 按钮，将材质赋予所选择的对象。

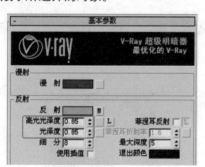

图 11-16

图 11-17

11 展开"贴图"卷展栏，单击漫射通道后的 None 按钮，在"材质/贴图浏览器"中选择"位图"贴图，并指定随书光盘中的"案例相关文件 \ chapter11 \ 场景文件 \ 青石-1.jpg"文件。接着用鼠标将"漫射"通道后的贴图拖动到"凹凸"通道，在弹出的"实例（副本）贴图"对话框中选择"复制"单选按钮。在"反射"通道中添加"衰减（Falloff）"贴图，如图 11-18 所示。然后展开"基本参数"卷展栏，将"高光光泽度"数值设置为 0.85，"光泽度"数值设置为 0.9，如图 11-19 所示。

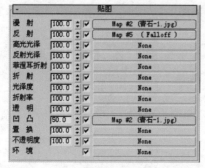

图 11-18

图 11-19

12 设置好以后的"青石"材质如图 11-20 所示，在视图中选择墙面对象，接着单击材质编辑器中的 按钮，将材质赋予所选择的对象。

13 在"材质编辑器"的 按钮后将激活的材质球命名为"雕塑"。单击材质设置面板中的 Standard 按钮，在弹出的"材质/贴图浏览器"对话框中选择 VRayMtl 选项。展开"贴图"卷展栏，单击反射通道后的 None 按钮，在"材质/贴图浏览器"中选择"衰减 (Falloff)"贴图。然后展开"基本参数"卷展栏，单击漫射后的 按钮，在弹出的"颜色选择器"中选择"红"、"绿"、"蓝"都为 250 的颜色，如图 11-21 所示。

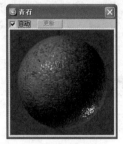
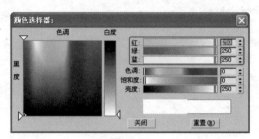

图 11-20　　　　　　　　　　　图 11-21

14 接着展开"基本参数"卷展栏，将"高光光泽度"数值设置为 0.95，将"光泽度"数值设置为 0.85，如图 11-22 所示。

15 设置好以后的"雕塑"材质如图 11-23 所示，在视图中选择雕塑对象，接着单击"材质编辑器"中的 按钮，将材质赋予所选择的对象。

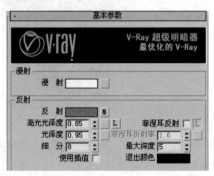
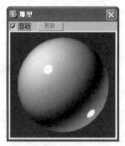

图 11-22　　　　　　　　　　　图 11-23

16 在"材质编辑器"的 按钮后将激活的材质球命名为"地砖"。单击材质设置面板中的 Standard 按钮，在弹出的"材质/贴图浏览器"对话框中选择 VRayMtl 选项。单击"漫射"通道后的 None 按钮，在"材质/贴图浏览器"中选择"位图"贴图，并指定随书光盘中的"案例相关文件 \ chapter11 \ 场景文件 \ 水泥地面－1.jpg"文件。接着用鼠标将"漫射"通道后的贴图拖动到"凹凸"通道，在弹出的"实例 (副本) 贴图"对话框中选择"复制"单选按钮。在"反射"通道中添加"衰减 (Falloff)"贴图，如图 11-24 所示。然后展开"基本参数"卷展栏，将"高光光泽度"和"光泽度"数值均设置为 0.85，如图 11-25 所示。

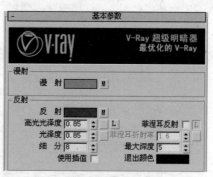

图 11-24   图 11-25

17 设置好以后的"地砖"材质如图 11-26 所示，在视图中选择雕塑对象，然后单击"材质编辑器"中的 按钮，将材质赋予所选择的对象。

18 选择空白材质球，并将其定义为 Multi/Sub-Object（多维 - 子）材质，为它命名为"筒灯"。单击 Set Number 按钮，在弹出的"设置材质数量"对话框中将材质数量设置为 2，"多维 - 子对象材质"卷展栏中将只有 3 个子材质样本球，如图 11-27 所示。

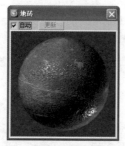

图 11-26

图 11-27

19 在视图中选择模型，设置多边形的 ID 号。在视图中选择"筒灯"模型并单击 按钮进入修改命令面板。在修改堆栈中进入"可编辑多边形"修改器的多边形子层级，在视图中选择如图 11-28 所示的多边形，在"多边形属性"卷展栏中将"设置 ID"后的数值设置为 1。

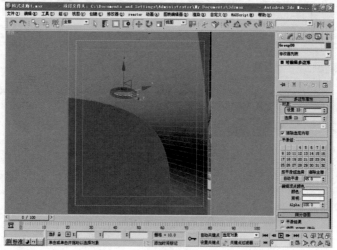

图 11-28

20 然后在视图中选择如图 11-29 所示的多边形，在"多边形属性"卷展栏中将"设置 ID"后的数值设置为 2。

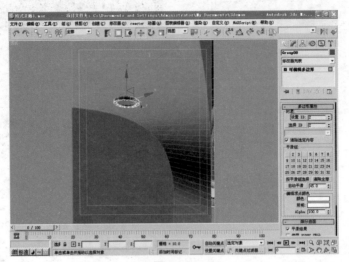

图 11-29

21 在"材质编辑器"中单击 吊灯钢 [VRayMtl] 按钮进入 ID 号为 1 的子材质设置面板。单击材质设置面板中的 Standard 按钮，在弹出的"材质/贴图浏览器"对话框中选择 VRayMtl 选项。单击漫射后的 按钮，在弹出的"颜色选择器"中选择"红"、"绿"、"蓝"均为 75 的颜色，如图 11-30 所示。单击反射后的 按钮，在弹出的"颜色选择器"中选择"红"、"绿"、"蓝"都为 150 的颜色，如图 11-31 所示。

图 11-30

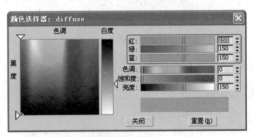

图 11-31

22 展开"基本参数"卷展栏，将"高光光泽度"和"光泽度"数值均设置为 1，如图 11-32 所示。设置完成后单击 按钮回到中一层级。

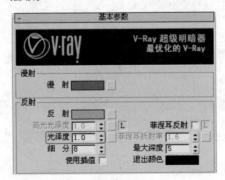

图 11-32

23 在"材质编辑器"中单击 吊灯钢 (VRayMtl) 按钮进入 ID 号为 2 的子材质设置面板。单击漫反射颜色后的 按钮，在弹出的"颜色选择器"中选择"红"、"绿"、"蓝"均为 255 的颜色，如图 11-33 所示。在"Blinn 基本参数"设置面板中按如图 11-34 所示进行设置。

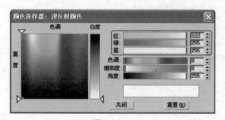

图 11-33

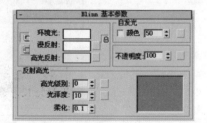

图 11-34

24 当设置完成后多次单击 按钮回到材质顶层级，设置好以后的材质如图 11-35 所示，在视图中选择筒灯对象，然后单击"材质编辑器"中的 按钮，将材质赋予所选择的对象。

25 在"材质编辑器"中激活新的材质球并命名为"外景"。单击材质设置面板中的 Standard 按钮，在弹出的"材质/贴图浏览器"对话框中选择 VRayMtl 选项。展开"贴图"卷展栏，单击漫射通道后的 None 按钮，在"材质/贴图浏览器"中选择"位图"贴图，并指定随书光盘中的"案例相关文件 \ chapter11 \ 场景文件 \ 外景-1.jpg"文件，如图 11-36 所示。

图 11-35

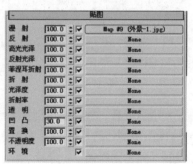

图 11-36

26 展开"基本参数"卷展栏，将"光泽度"设置为 1，如图 11-37 所示。

27 设置好以后的"床椅木纹-1"如图 11-38 所示。在视图中选择弧形对象，然后单击"材质编辑器"中的 按钮，将材质赋予所选择的对象。

图 11-37

图 11-38

28 在"材质编辑器"中激活新的材质球并命名为"吊灯灯片"。单击漫反射后的████按钮,在弹出的"颜色选择器"中选择"红"为 255、"绿"为 246、"蓝"为 225 的颜色,如图 11-39 所示。

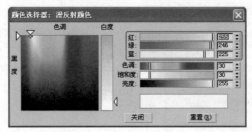

图 11-39

29 在"Blinn 基本参数"设置面板中按如图 11-40 所示进行设置。

30 设置好以后的"床椅木纹−1"如图 11-41 所示。在视图中选择吊灯对象,接着单击"材质编辑器"中的 按钮,将材质赋予所选择的对象。

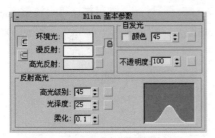

图 11-40

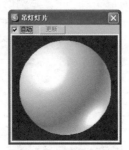

图 11-41

31 在"材质编辑器"的 按钮后将激活的材质球命名为"吊灯黑色塑料"。单击材质设置面板中的 Standard 按钮,在弹出的"材质/贴图浏览器"对话框中选择 VRayMtl 选项。单击漫射后的████按钮,在弹出的"颜色选择器"中选择"红"、"绿"、"蓝"均为 20 的颜色,如图 11-42 所示。单击反射后的████按钮,在弹出的"颜色选择器"中选择"红"、"绿"、"蓝"都为 20 的颜色,如图 11-43 所示。

图 11-42

图 11-43

32 展开"基本参数"卷展栏,将"高光光泽度"数值设置为 0.65,将"光泽度"数值设置为 0.9,如图 11-44 所示。设置好以后的"吊灯黑色塑料"如图 11-45 所示。在视图中选择吊灯对象,接着单击"材质编辑器"中的 按钮,将材质赋予所选择的对象。

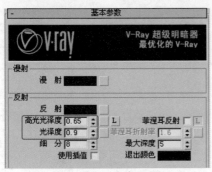

图 11-44

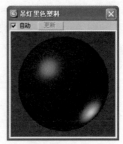

图 11-45

33 当场景中的对象都被赋予了材质后，效果如图 11-46 所示。

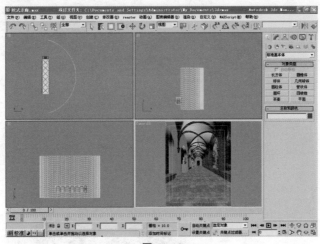

图 11-46

11.2 在欧式走廊场景模型中设置灯光

当为欧式走廊模型指定了相应的材质后，打开灯光创建命令面板，为场景创建灯光并设置灯光参数。

01 单击灯光创建命令面板中的 VR灯光 按钮，在后视图中创建一盏面光源，如图 11-47 所示。

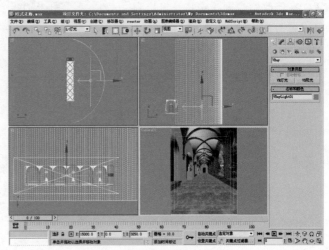

图 11-47

271

02 单击 按钮进入修改命令面板，首先在修改命令面板中将"半长"设置为18000，"半宽"设置为6000，然后将"倍增器"设置为1，如图11-48所示。

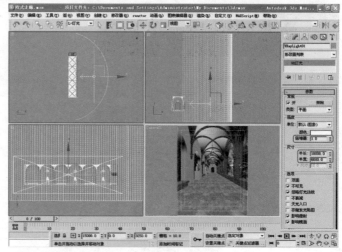

图 11-48

03 单击工具栏中的 按钮进行渲染，效果如图11-49所示。

图 11-49

04 在修改命令面板中将"倍增器"数值设置为2.5，如图11-50所示。

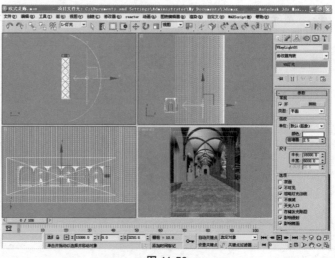

图 11-50

05 单击工具栏中的 按钮进行渲染，效果如图 11-51 所示。

图 11-51

06 单击标准灯光创建命令面板中的 泛光灯 按钮，在前视图中创建一盏泛光灯。将它以"实例"方式复制 5 盏，如图 11-52 所示。

> ⚠️ **注意**
>
> 泛光灯是四散发射光线的，它和光度学灯光中的自由点光源类似。

图 11-52

07 选择任意一盏泛光灯，单击 按钮进入修改命令面板，在修改命令面板中单击倍增后的 按钮，在弹出的"颜色选择器"中选择"红"为 255、"绿"为 240、"蓝"为 205 的颜色，如图 11-53 所示。在"强度/颜色/衰减"卷展栏中将"倍增"数值设置为 0.005，如图 11-54 所示。

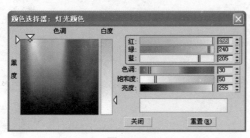

图 11-53

图 11-54

08 单击工具栏中的 ⚙ 按钮进行渲染，效果如图 11-55 所示。

图 11-55

09 在"强度/颜色/衰减"卷展栏中将"倍增"数值设置为 0.01，如图 11-56 所示。单击工具栏中的 ⚙ 按钮进行渲染，效果如图 11-57 所示。

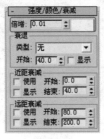

图 11-56

图 11-57

10 单击 VRay 灯光创建命令面板中的 **VR灯光** 按钮，在前视图中创建一盏 VR 灯光。以"实例"方式复制 5 盏。单击 ✏ 按钮进入修改命令面板，在修改命令面板中按如图 11-58 所示设置参数。

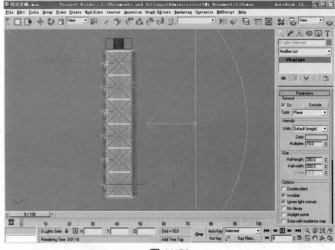

图 11-58

11 单击工具栏中的 按钮进行渲染，效果如图 11-59 所示。

图 11-59

12 单击标准灯光创建命令面板中的 泛光灯 按钮，在前视图中创建一盏泛光灯。将它以"实例"方式复制两盏，如图 11-60 所示。

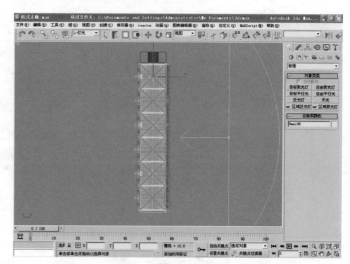

图 11-60

13 单击 按钮进入修改命令面板，在修改命令面板的"强度/颜色/衰减"卷展栏中将"倍增"数值设置为 0.015。然后单击倍增后的 按钮，在弹出的"颜色选择器"中选择"红"为 255、"绿"为 240、"蓝"为 205 的颜色，如图 11-61 所示。

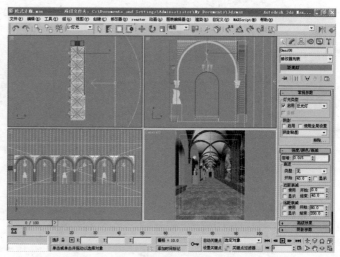

图 11-61

14 单击工具栏中的  按钮进行渲染，效果如图 11-62 所示。

图 11-62

15 单击标准灯光创建命令面板中的 **泛光灯** 按钮，在走廊末尾创建一盏泛光灯，如图 11-63 所示。

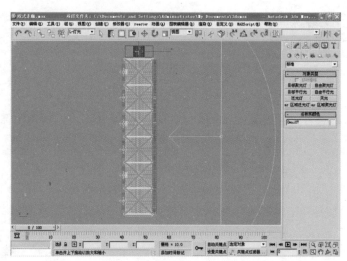

图 11-63

16 单击 按钮进入修改命令面板，在修改命令面板的"强度/颜色/衰减"卷展栏中将"倍增"数值设置为 0.01，如图 11-64 所示。

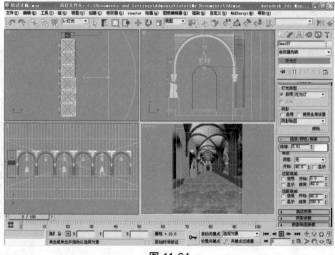

图 11-64

17 单击工具栏中的 按钮进行渲染,效果如图 11-65 所示。

图 11-65

18 在修改命令面板的"强度/颜色/衰减"卷展栏中将"倍增"数值设置为 0.02,单击倍增后的 按钮,在弹出的"颜色选择器"中选择"红"为 255、"绿"为 240、"蓝"为 205 的颜色,如图 11-66 所示。

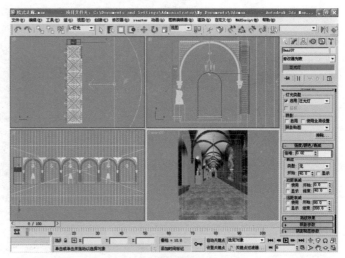

图 11-66

19 单击工具栏中的 按钮进行渲染,效果如图 11-67 所示。

图 11-67

20 单击灯光创建命令面板中的 VR灯光 按钮，在顶视图中创建一盏 VRay 面光源，如图 11-68 所示。

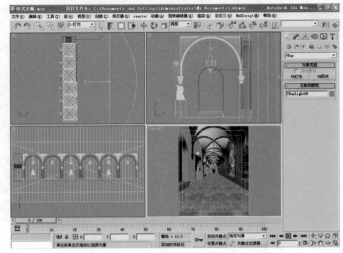

图 11-68

21 单击 按钮进入修改命令面板，在修改命令面板中将"半长"数值设置为 350，"半宽"数值设置为 350，接着将"倍增器"数值设置为 1，如图 11-69 所示。

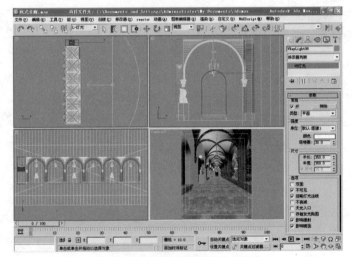

图 11-69

22 单击工具栏中的 按钮进行渲染，效果如图 11-70 所示。

图 11-70

23 单击倍增器后的 [__] 按钮，在弹出的"颜色选择器"中选择"红"为 255、"绿"为 214、"蓝"为 155 的颜色，如图 11-71 所示。在"参数"卷展栏中将"倍增器"数值设置为 20，如图 11-72 所示。

图 11-71

图 11-72

24 单击工具栏中的 [按钮进行渲染，效果如图 11-73 所示。

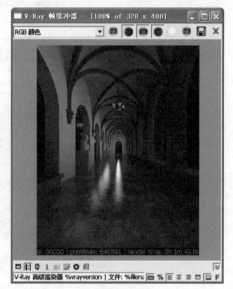

图 11-73

25 单击灯光创建命令面板中的 **VR灯光** 按钮，在顶视图中创建一盏 VRay 面光源，如图 11-74 所示。

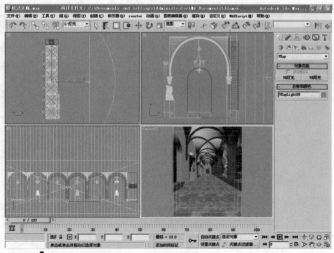

图 11-74

26 单击 ✎ 按钮进入修改命令面板,在修改命令面板中选择"穹顶"选项,如图 11-75 所示。

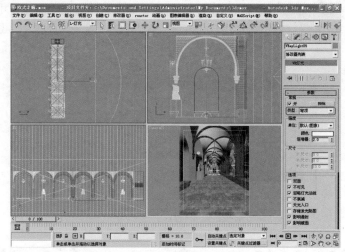

图 11-75

27 单击工具栏中的 ◉ 按钮进行渲染,效果如图 11-76 所示。

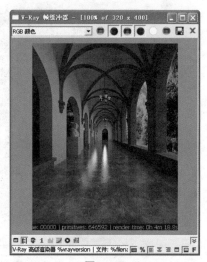

图 11-76

28 单击灯光创建命令面板中的 **VR阳光** 按钮,在视图中创建如图 11-77 所示的太阳光。同时在弹出的对话框中单击 **是(Y)** 按钮,不创建天空光贴图。

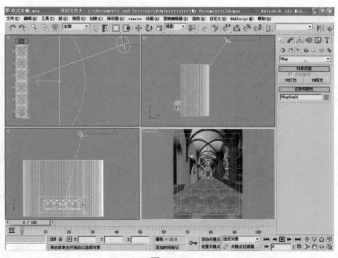

图 11-77

29 在视图中选择太阳光并单击 按钮，在修改命令面板中将"强度倍增器"数值设置为 0.1，按如图 11-78 所示设置其他的参数。

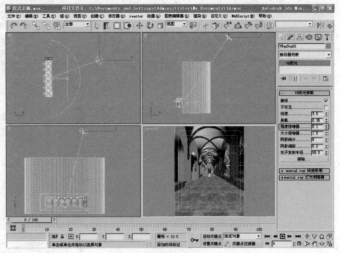

图 11-78

30 单击工具栏中的 按钮进行渲染，效果如图 11-79 所示。

图 11-79

31 在修改命令面板中将"强度倍增器"数值设置为 0.05，按如图 11-80 所示设置其他的参数。

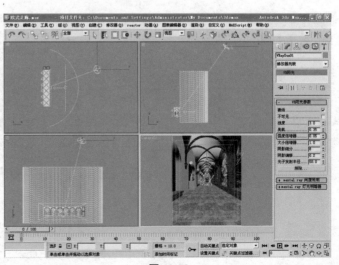

图 11-80

32 单击工具栏中的 按钮进行渲
染，效果如图 11-81 所示。

图 11-81

33 在修改命令面板中将"强度倍增
器"数值设置为 0.025，按如图 11-82
所示设置其他的参数。

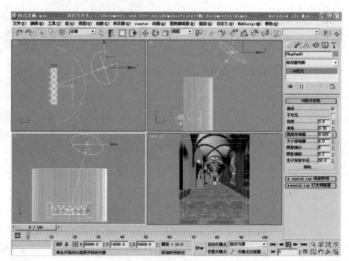

图 11-82

34 单击工具栏中的 按钮进行渲
染，效果如图 11-83 所示。

图 11-83

35 执行菜单栏中的"渲染 > 环境"命令,打开"环境和效果"参数设置面板。单击 None 按钮,在弹出的"材质/贴图浏览器"对话框中选择"VR天光"选项。打开材质编辑器,将"环境和效果"参数设置面板中的VR天光贴图拖动到"材质编辑器"中的空白材质球中,在弹出的"实例(副本)"对话框中选择"实例"单选按钮。在VR天光贴图的编辑面板中单击 None 按钮,然后在视图中拾取开始创建的太阳光,如图 11-84 所示。

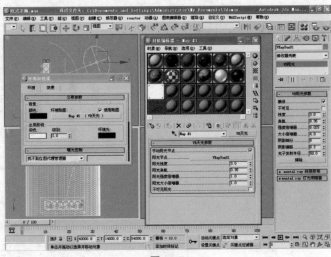

图 11-84

36 单击工具栏中的 按钮进行渲染,效果如图 11-85 所示。

图 11-85

37 首先将"阳光浊度"设置为7,接着将"阳光强度倍增器"数值设置为0.025,如图 11-86 所示。

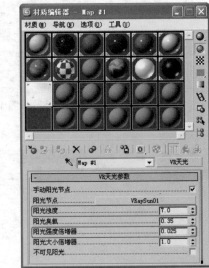

图 11-86

38 单击工具栏中的 按钮进行渲染，效果如图 11-87 所示。

图 11-87

11.3 设置简单渲染参数并进行测试

当场景的材质、灯光都创建完毕后，打开渲染场景对话框，将当前渲染器设置为 VRay 渲染器，接着设置渲染参数并进行渲染。

01 首先展开"图像采样（反锯齿）"卷展栏，选择"自适应准蒙特卡罗"采样器和 Catmull-Rom 抗锯齿过滤器，如图 11-88 所示。

图 11-88

02 展开"间接照明（GI）"卷展栏，选择"开"复选框，接着将二次反弹的"倍增器"数值设置为 0.85，如图 11-89 所示。

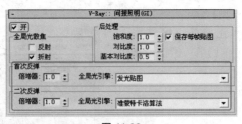

图 11-89

03 展开"颜色映射"卷展栏，在"类型"下拉列表框中选择"指数"选项，如图 11-90 所示。

图 11-90

04 展开"发光贴图"卷展栏，在"当前预置"下拉列表框中选择"中"选项，如图 11-91 所示。

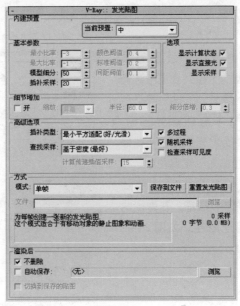

图 11-91

05 展开"准蒙特卡罗全局光"卷展栏，将"细分"数值设置为 8，"二次反弹"数值设置为 3，如图 11-92 所示。

图 11-92

06 展开"rQMC 采样器"卷展栏，将"适应数量"数值设置为 0.85，"最小采样值"数值设置为 8，"噪波阈值"数值设置为 0.02，如图 11-93 所示。

图 11-93

07 单击 按钮进行渲染，效果如图 11-94 所示，渲染耗时 8 分 53.2 秒。

08 通过在这里试渲染可以看见场景灯光已经合适了，在渲染正图时需要设置更高参数以便渲染出精度更高的图片。

图 11-94

11.4 设置高渲染参数并渲染正图

01 展开"发光贴图"设置卷展栏，在"当前预置"下拉列表框中选择"高"选项，在"模式"下拉列表框中选择"单帧"选项，单击 保存到文件 按钮，在弹出的对话框中为发光贴图命名并保存。然后在"发光贴图"卷展栏中选择"自动保存"和"切换到保存的贴图"复选框，单击 浏览 按钮，在弹出的对话框中为它指定路径。如图 11-95 所示。

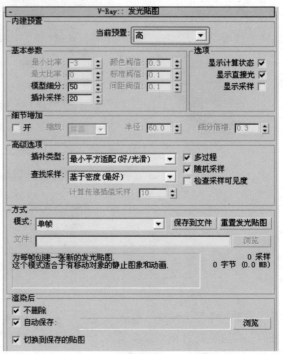

图 11-95

02 展开"灯光缓冲"卷展栏，将"细分"数值设置为 500，"采样大小"数值设置为 0.02，在"模式"下拉列表框中选择"单帧"选项，如图 11-96 所示。

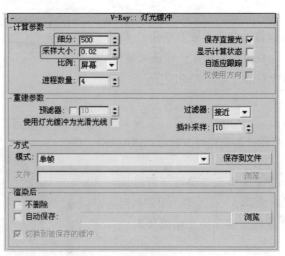

图 11-96

03 展开"rQMC 采样器"卷展栏，将"适应数量"数值设置为 0.85，"最小采样值"数值设置为 8，"噪波阈值"数值设置为 0.02，如图 11-97 所示。

图 11-97

04 单击 按钮进行渲染，渲染耗时 7 分 37.6 秒，效果如图 11-98 所示。

图 11-98

05 展开"发光贴图"卷展栏，在"当前预置"下拉列表框中选择"高"选项，此时的"模式"自动选择"从文件"选项，如图 11-99 所示。这样能够使用已经渲染好的灯光贴图来渲染大图，因此可以节省大量的渲染时间。

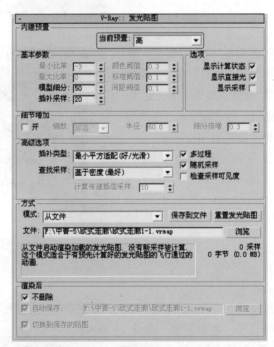

图 11-99

06 展开"rQMC 采样器"卷展栏，将"适应数量"数值设置为 0.85，"最小采样值"数值设置为 15，"噪波阈值"数值设置为 0.005，如图 11-100 所示。

图 11-100

07 单击工具栏中的 按钮，打开渲染场景对话框，将渲染图片的"宽度"数值设置为 1280，"高度"数值设置为 1600，单击 按钮进行正图的渲染。

11.5　进行后期处理

将渲染出来的场景图片在 Photoshop CS3 中打开，对图片进行后期处理，完善图片效果。

01 在 Photoshop CS3 中打开"欧式走廊.tga"渲染文件（快捷键 Ctrl+O）。然后执行菜单栏中的"文件 > 存储为"命令（快捷键 Shift+Ctrl+S），名称为"欧式走廊.psd"，如图 11-101 所示。

图 11-101

02 单击图层面板下的 按钮，在弹出的菜单中选择"色阶"命令，创建色阶调整图层，在图层面板中进行显示。在弹出的"色阶"对话框中通过拖动滑块来调节参数，如图 11-102 所示。

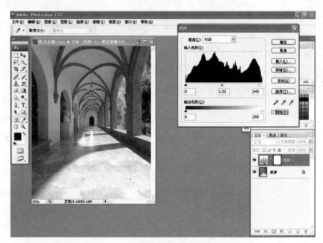

图 11-102

03 单击图层面板下的 按钮，在弹出的菜单中选择"色彩平衡"命令，创建色彩平衡调整图层。在"色彩平衡"对话框中选择"中间调"单选按钮，按如图 11-103 所示设置参数。

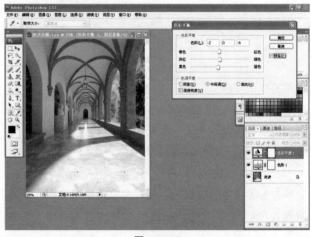

图 11-103

04 选择"高光"选项，按如图
11-104 所示设置参数。

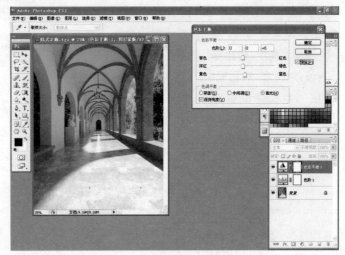

图 11-104

05 单击图层面板下的 ◢ 按钮，在
弹出的菜单中选择"曲线"命令，创建
曲线调整图层。在"曲线"对话框中通
过拖动曲线来调整画面效果，按如图
11-105 所示设置参数。对曲线进行调
整后，画面亮度略微增强。

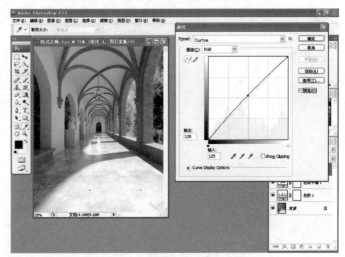

图 11-105

06 单击图层面板下的 ◢ 按钮，在
弹出的菜单中选择"色相/饱和度"命
令，创建"色相/饱和度"调整图层。在
"色相/饱和度"对话框中将"色相"数
值设置为2，"饱和度"数值设置为6，
"明度"数值设置为0，如图 11-106 所
示。通过对"色相/饱和度"的调整，画
面的饱和度增加。

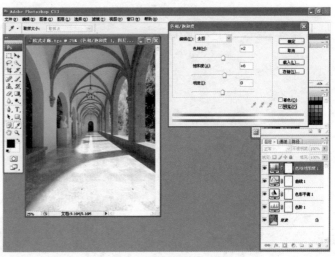

图 11-106

07 单击图层面板下的 ⊘ 按钮, 在弹出的菜单中选择 "亮度/对比度"命令, 创建 "亮度/对比度"调整图层。在 "亮度/对比度"对话框中将 "亮度"和 "对比度" 数值都设置为 5, 如图 11-107 所示。通过对 "亮度/对比度"的调整, 画面的亮度和对比度都增加。

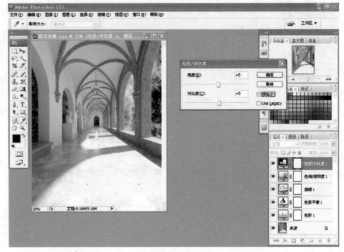

图 11-107

08 执行菜单栏中 "图层 > 拼合图像"命令, 对所有图层进行合并, 如图 11-108 所示。

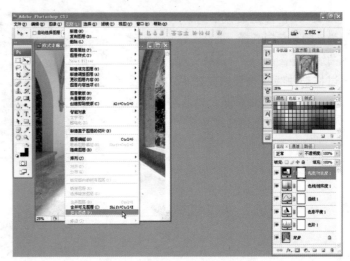

图 11-108

09 执行菜单栏中 "图像 > 模式 > Lab 颜色"命令, 如图 11-109 所示。

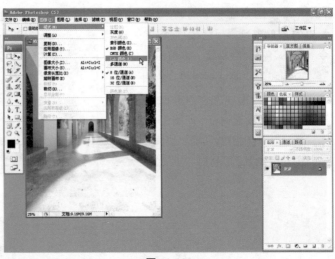

图 11-109

10 当转化为"Lab 颜色"模式后，在图层面板中单击 通道 按钮，激活"明度"通道。执行菜单栏中的"图像 > 调整 > 色阶"命令，在"色阶"对话框中按如图 11-110 所示设置参数。

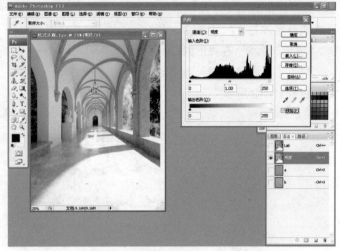

图 11-110

11 然后执行菜单栏中的"滤镜 > 锐化 > USM 锐化"命令，在弹出的"USM 锐化"对话框中将"数量"数值设置为 60，如图 11-111 所示。

图 11-111

12 执行菜单栏中的"图像 > 模式 > RGB 颜色"命令，将图片重新转化为 RGB 颜色，如图 11-112 所示。

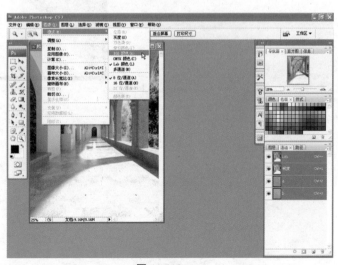

图 11-112

13 当转化为"RGB 颜色"模式后，再次执行菜单栏中的"滤镜 > 锐化 > USM 锐化"命令，在弹出的"USM 锐化"对话框中将"数量"数值设置为 25，如图 11-113 所示。

图 11-113

14 完成了后期制作后的效果如图 11-114 所示。

图 11-114

三维设计之路——质感无限

凝聚高手智慧，传授顶级技巧，揭秘关键参数，提升艺术功力

全彩+彩插/371页/1DVD/69.90元

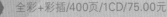

全彩+彩插/400页/1CD/75.00元

全彩+彩插/259页/1CD/49.90元

全彩+彩插/360页/1DVD/75.00元

中国青年出版社
中国青年电子出版社
http://www.21books.com http://www.cgchina.com

读者俱乐部联系方式

☎ 邮购电话： (010) 84015588转8042
读者热线： (010) 84015588转8045、8018

✉ 通讯地址：北京东城区东四十条94号
万信商务大厦502《读者俱乐部》 邮编：100007